AF223911

L'ESPAGNE

SPLENDEURS ET MISÈRES

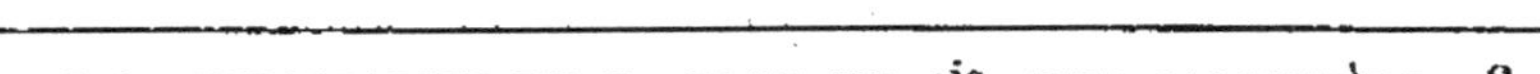

PARIS. TYPOGRAPHIE DE E. PLON ET Cie, RUE GARANCIÈRE, 8.

L'ESPAGNE

SPLENDEURS ET MISÈRES

VOYAGE ARTISTIQUE ET PITTORESQUE

PAR

L. IMBERT

ILLUSTRATIONS D'ALEXANDRE PREVOST

PARIS

E. PLON ET Cⁱᵉ, IMPRIMEURS-ÉDITEURS

RUE GARANCIÈRE, 10

1875

Tous droits réservés

A

M. E. DELIGNY

INGÉNIEUR CIVIL

SYNDIC DU CONSEIL MUNICIPAL DE PARIS

[illegible]

[illegible]

[illegible]

L'ESPAGNE

SPLENDEURS ET MISÈRES

DE L'OCÉAN A TOLÈDE

I

SAINT-SÉBASTIEN

De toutes les plages espagnoles, la plus fréquentée est celle de Saint-Sébastien.

Certes, les provinces méridionales ont d'irrésistibles séductions. Divines sont leurs femmes, merveilleuses leurs *huertas* remplies de grenadiers et de figuiers, leurs promenades plantées de palmiers et de lauriers-roses, d'où l'on contemple la mer bleue qui lentement ondule, se gonfle comme un sein qui respire et bat la grève comme une forte pulsation... Mais, sur les côtes de la Méditerranée, la température est torride, les gammes de la lumière arrivent à l'intensité de l'embrasement, et les baigneurs, entassés dans les tartanes, rissolent sous l'incendie du ciel azur et pourpre, suffoquent au milieu des tourbillons de poussière qui s'élèvent du sol calciné.

Ceux qui n'ont pas du sang arabe dans les veines préfèrent l'Océan.

J'écris les premières lignes de cette étude sur la plate-forme de la forteresse qui couronne le point culminant du mont Orgullo. Un panorama splendide se déroule sous mes yeux. A mes pieds, Saint-Sébastien, petite ville coquette, tracée au cordeau, s'étend, comme un vaste damier, entre la baie la Concha, dont l'île Santa Clara barre l'entrée, et l'embouchure de la rivière Urrumea, dont les gracieux méandres enlacent de vertes collines. Tout autour de moi s'élèvent, en amphithéâtre, de hautes montagnes auxquelles les jeux d'une lumière éblouissante donnent la transparence laiteuse d'un bloc de cristal, et, de la pointe de Bilbao jusqu'à Biarritz ; je vois la mer rouler ses vagues larges et, mugissante, éparpiller son écume sur les roches, qu'elle sape avec la ténacité de M. Prudhomme déchaîné sur les idées modernes.

Les baigneurs arrivent en foule [1]. Grand monde et demi-monde se pressent sur la plage. Les toilettes sont luxueuses, parfois insensées. On s'amuse, on rit, et la population flottante, qui ne pose le pied nulle

[1] Ces lignes étaient écrites avant l'insurrection carliste.

part et se promène sans s'arrêter d'Arcachon à Royan, de Royan à Biarritz, de Biarritz à Saint-Sébastien, s'oublie ici deux jours, trois jours, puis ne songe plus à partir.

Tous les caractères, tous les tempéraments se plaisent dans cet adorable coin du Guipuzcoa.

A peine sorti de la ville, on se trouve au milieu d'un vaste cirque dont les premiers gradins sont des collines et les derniers des montagnes. Partout de l'imprévu, des perspectives qu'on n'avait pas soupçonnées. On s'enfonce dans des vallées pleines d'ombre et de mystère, et, tout à coup, à travers une gorge profonde, taillée à pic dans le roc, on voit se dresser au loin de gigantesques masses bleues.

Les paysannes disent *adios* avec les inflexions de voix les plus câlines; les prêtres précèdent les cercueils en fumant une cigarette; les contrebandiers de Saint-Gaudens, chaussés de bas à jours, vêtus d'un justaucorps et d'une culotte bouffante, « font l'article » de leurs foulards en arabe et en espagnol, jamais en français; les charrettes à roues pleines adhérant à l'essieu, mal graissées, poussent les petits cris plaintifs de Polichinelle avalant sa pratique.

Sur la pelouse, de robustes gars habillés de leur costume traditionnel, — béret bleu, culotte blanche, veste de drap et sandales en cuir de bœuf, — jouent une partie de paume avec de jeunes et vigoureuses filles dont les cheveux tombent en longues nattes sur leur corsage de toile peinte.

Parlerai-je des bals dans les auberges? Rien de plus curieux. Les Basques danseraient toujours sans se fatiguer, semblables aux êtres fantastiques qui tournoient dans les ballades allemandes, et les Guipuzcoanes ont des contorsions d'almée qui feraient rêver plus d'un anachorète.

La plage est une des plus belles et des plus sûres que je connaisse. Sur le sable fin, aussi doux que le velours, trottinent les baigneuses, — des femmes sculpturales. Leurs petits pieds laissent une légère empreinte, à peine visible; leurs jambes nues reluisent au soleil. Elles se jettent dans l'onde, qui les berce mollement, s'ébattent parmi la blanche écume, qui festonne les vagues et jaillit en flocons mousseux sur les chevelures dénouées.

Les fillettes dessinent des arabesques du bout de leur ombrelle, cherchent des coquillages nacrés, s'arrêtent devant une méduse dont le corps gélatineux tremble au moindre souffle et s'irise à la lumière.

Au loin fume la cheminée d'un transatlantique et se découpent, sur le vert sombre des flots et l'admirable limpidité du ciel, les voiles des pêcheurs. L'Océan sommeille, l'horizon est pur, les étrangers en profitent pour aller à Passage, Venise espagnole bâtie des deux côtés d'un bras de mer très-

étroit qui a l'aspect d'une profonde déchirure ouverte
par un cataclysme au travers de la montagne.

Les soirées se passent agréablement au Cursaal,
où sont accumulés tous les plaisirs de Bade et de
Monaco. Ceux qui aiment la danse, les douces cause-
ries, les mots tendres murmurés à l'oreille, pendant
qu'un orchestre berce la pensée dans ses vibrations
harmonieuses, restent au salon du rez-de-chaussée;
ceux qui préfèrent les âcres émotions du jeu, montent au premier, à la salle de la roulette.

Il y a quelques années, l'administration du Cursaal
avait organisé des *trains de décavés* qui, deux fois
par semaine, emportaient gratuitement à la frontière les joueurs malheureux. Ce fait est assez signi-
ficatif dans son étrangeté pour n'être point omis.

Je rencontrai le peintre Alexandre Prevost au
Grand Hôtel de Londres, et nous résolûmes de parcourir l'Espagne ensemble, tantôt à cheval, tantôt
à pied, rarement en chemin de fer.

II

PAR MONTS ET PAR VAUX

Peu de personnes se figurent ce qu'est l'intérieur
des wagons espagnols. Lorsque toutes les places sont
prises, les chefs de gare n'ajoutent pas de voitures;

ils empilent les voyageurs les uns sur les autres.
Vous êtes dix dans un compartiment, les coudes
serrés, les jambes jointes, pressés comme des anchois
dans un baril; la porte s'ouvre : cinq gros gaillards
entrent, chargés de couvertures, de paniers, de cages
à poules qu'ils vous posent sur les genoux et sur la
tête. A la prochaine station, deux ou trois autres
monteront encore avec leurs malles et leurs chiens.
Les Espagnols ne se plaignent jamais : ils souffrent
tout, à charge de revanche. Leur belle humeur
ne s'altère même pas. Bientôt l'un d'eux pince de
la guitare, et tous, battant des mains, chantent en
chœur.

La voie ferrée qui relie Saint-Sébastien à Madrid
est une œuvre colossale. Elle éventre soixante-neuf
fois les montagnes et présente des remblais considérables. A peine a-t-on commencé le difficile passage des Pyrénées, qu'on franchit, hardiment jeté
d'une hauteur à l'autre, le magnifique viaduc Or-
maïzteguy, dont les murs s'élèvent à trente-cinq
mètres au-dessus de la maison des bains. Après
Zumarraga, on s'enfonce dans le tunnel Oazurza,
long de 2,957 mètres.

Les plateaux ondulent, les montagnes s'entassent,
les unes pelées comme le dos d'un vieil âne, d'autres
couvertes de châtaigniers, de chênes, d'érables et de
hêtres, certaines gonflées en mamelles, avec des
moutons collés à leurs flancs, pareils à de grosses

goûttes de lait. De petites rivières bondissent sur des marches de calcaire. Puis apparaissent les roches de Pancorbo, dont la crête forme des murs à pic crénelés, couronnés de nuages comme le front de Jupiter, gigantesques défenses naturelles sillonnées de gorges profondes qu'on appelle les Thermopyles de la Castille. Le village de Pancorbo s'adosse aux parois de la montagne, qui menace de l'ensevelir sous ses blocs granitiques.

En arrivant à Burgos, nous apercevons les flèches dentelées de sa merveilleuse cathédrale. La façade est d'une incomparable richesse d'ornementation. Il n'est pas sur les murs une place large comme la main, qui ne soit adorablement fouillée par le patient ciseau des artistes du treizième siècle. Partout des statues, des figurines, des détails surprenants. L'édifice est couvert tout entier d'une guipure de pierre du plus fin travail. On se demande pourquoi l'on a construit ce chef-d'œuvre de l'art gothique dans cette ville insignifiante, dans ce pays aride et triste, où la pluie tombe en toute saison, où souffle sans cesse un vent cru qui pénètre jusqu'à la moelle.

Nous avons hâte de nous trouver en plein cœur de l'Espagne, où nous admirerons à loisir les cathédrales de Tolède et de Séville; aussi passons-nous sans nous arrêter.

Après Burgos, nous sommes dans un vaste désert. De loin en loin, nous voyons un pasteur, encapu-

chonné comme un moine dans un manteau couleur
amadou sec. Les maisons, très-rares, sont bâties
sans ciment, avec de gros cailloux ronds. La façade,
haute de deux mètres, n'a d'autre ouverture que la
porte. Le toit se compose de touffes d'herbes sèches
posées sur des branches d'arbre.

III

UNE ESTUDIANTINA

A Matapozuelos, une *estudiantina*, qui rentre
à Salamanque, monte dans notre wagon.

Pendant les vacances, les étudiants espagnols
issus de parents pauvres, se réunissent, forment un
orchestre de guitares, de violons, de flûtes et de
panderillos, et, vêtus de leur costume classique,
— la robe noire descendant au jarret et le chapeau
à claque, auquel ils fixent en croix une cuiller et
une fourchette de buis pour les besoins du voyage, —
ils parcourent les bourgades, à l'instar de nos anciens troubadours.

Ils vivent, la plupart du temps, comme l'oiseau
de passage, d'un rayon de soleil et d'une goutte de
rosée; mais lorsqu'ils trouvent une *posada*, ils se
font servir en princes, et quand vient le quart d'heure
de Rabelais, mettant en pratique la célèbre maxime
des économistes : « Les produits s'échangent contre

Page 8.

Une estudiantina.

des produits »; ils échangent les notes d'auberge contre les notes de leurs instruments.

Parfois, le soir, les belles provinciales, qui se couchent à l'heure où prélude le rossignol, sont doucement réveillées par de gais accords, comme si le divin Ariel berçait leurs rêves d'une harmonie ondoyante et féerique. Elles se lèvent souriantes, et reculent tout à coup, avec un petit cri d'effroi, devant une grande ombre coiffée d'un chapeau à claque, qui se dessine à travers les vitres, accrochée aux barreaux de la fenêtre.

Ils ont toutes les audaces, ces modernes troubadours. Il n'est pas rare, tandis que Don Bartholo ronfle sur ses deux oreilles, qu'ils pénètrent chez Rosine et l'entretiennent d'histoires enchanteresses. Le plus souvent les récits sont aussi longs que ceux de Scheherazade, et Rosine charmée les écoute jusqu'à la fin des vacances.

Ainsi s'ébauche plus d'un riche mariage dans ce pays étrange où l'esprit romanesque de Don Quichotte s'unit au bon sens de Sancho Pança.

Elles s'en vont la nuit, au clair de la lune, jouant et chantant sur les chemins poudreux, ces joyeuses *estudiantinas,* et le murmure de leurs guitares ressemble au souffle qui passe dans les feuilles, le sourd ronflement de leurs tambours de basque se confond avec le bruit des eaux qui roulent sur la pente des collines, et l'on a comme une vision des siècles

écoulés s'enlevant dans l'azur à travers une broderie
de trilles et de gammes chromatiques.

IV

LE GUADARRAMA

Nous pénétrons dans le Guadarrama. Au loin, à
perte de vue, des crêtes s'élèvent derrière des forêts
de pins parasols et des genêts qui présentent des
tòns vert foncé de diverses valeurs. La voie traverse
un tunnel de mille mètres et suit une fissure pratiquée dans une montagne rocheuse. Des pierres
énormes, fantastiques, surplombent çà et là le train,
qu'elles semblent près d'écraser. En hiver, des
chutes d'eau glacée forment des chevelures de cristal d'un effet étrange. Dans les vallées, des bois se
dressent sur des pierres noires. Le paysage, d'un
ton généralement vigoureux, prend des aspects terribles. On parcourt un pays remué dans tous les
sens par de furieux tremblements de terre ; les forêts paraissent avoir été déplacées par endroits. Des
trous béants servent de repaire à des malfaiteurs.
On s'attend toujours à voir des reptiles gigantesques
grimper contre la paroi de la montagne. Ici, tout est
sinistre. La plaine, lisse d'un côté, hérissée de
l'autre, descend en entonnoir ; ses grandes lignes ne
sont rompues que par quelques arbustes rabougris.

Dans un creux criblé de pierres coule un filet d'eau limpide qui reçoit les reflets du ciel. Nous ne pouvons nous lasser de contempler ce paysage druidique, fait d'un amoncellement de roches ; il nous rappelle la vallée de Franchard, dans la forêt de Fontainebleau. On dirait un immense cimetière de titans foudroyés, dont quelques-uns, avant d'exhaler leur dernier soupir et dans un effort suprême, soulèvent l'énorme dalle qui scelle leur tombeau.

Sur l'arche en ruine d'un pont ogival passent, conduits par des *arrieros,* une vingtaine de petits ânes gris-bleu, aux extrémités élégantes et fines. Le premier, harnaché de rouge, la tête surmontée d'un plumet, a, suspendue au cou, une longue sonnette cylindrique qui rend des sons de boîte à lait. Sur une parole criée à distance, il se dirige à droite ou à gauche, et tous les autres le suivent.

Voici las Navas, le pays le plus malfamé des environs de l'Escorial. Les maisons n'ont qu'un étage. Des cochons noirs, ronds comme des boules, se roulent et pataugent devant les portes, dans des ruisseaux bourbeux.

Un voyageur nous raconte qu'un barbier possédait le plus beau porc du bourg. Tout le monde allait le voir dans sa barrière de planches et s'extasiait sur sa riche corpulence. Le curé même en avait retenu un jambon. Mais, hélas ! arrive un chien hydrophobe qui lui mord le museau. Le barbier accourt :

« Le groin est enragé, c'est possible, dit-il ; mais les jambes ne le sont pas ! » Et, paf ! immédiatement, d'un coup de hache, il lui tranche la tête et fait des saucisses avec le reste.

Des jeunes filles nous offrent du lait délicieux contenu dans de petits pots de terre rouge de forme un peu arabe. Des chasseurs, pittoresquement vêtus, nous vendent du gibier. Un magnifique lièvre ne coûte qu'une piécette ; un lapin, cinquante centimes ; une grappe de perdrix, dix réaux. L'un d'eux nous propose un gros loup qu'il a tué la veille.

V

L'ESCORIAL [1].

Le paysage rocailleux se continue. Nous quittons le chemin de fer pour visiter le couvent de San Lorenzo. Une croix de pierre nous apparaît, juchée sur de grosses roches pointues. Tout près, nous rencontrons un pâtre coiffé d'un large chapeau noir aux ailes échancrées, dont le fond troué laisse sortir des touffes de cheveux incultes. Sa poitrine est découverte ; quelques lambeaux de chemise tombent sur sa culotte de velours usée, effrangée aux genoux.

[1] Quelques auteurs écrivent *Escurial ;* c'est une faute. Le nom du village tire son origine des scories de fer qu'on trouve partout dans la campagne, vestiges d'une ancienne exploitation.

Ses souliers sont éculés, ses jambes nues. Sur ses épaules est un agneau blanc égorgé ; dans sa main droite, un gros bâton en crosse d'évêque. Au loin paît son troupeau.

— Que signifie cette croix ? lui demandons-nous.

— C'est là, nous répond-il, que Philippe II faisait pendre.

En soulevant les pierres, nous trouvons de vieux bouts de cordes blanchies par l'humidité, qui tombent en poudre sous nos doigts.

Un sentier nous conduit, à travers des roches couvertes d'une mousse brune, à l'Escorial *de abajo*. Nous n'y voyons pas un seul habitant. Sur la place s'élève une église démantelée. Tout porte l'empreinte des ravages d'une bataille.

Nous gravissons une côte, le long d'un mur, et nous découvrons l'aspect général du monastère. Tout l'édifice, avec son dôme immense et ses hautes tours qui dominent les quatre angles, se détache en clair éclatant sur la montagne obscure qui lui sert de fond. Un orage effroyable se prépare. La cime de la montagne est coupée par un lourd nuage électrique qui enveloppe de sinistres lueurs le vaste monument de granit.

On connaît l'origine de ce palais, si plein de sombres souvenirs. Philippe II le fit construire dans la seconde moitié du seizième siècle, pour remplacer l'église de San Lorenzo, canonnée pendant le siége de San Quentin. Il a la forme du gril sur lequel ce saint souffrit le martyre. Les quatre tours figurent les pieds et les appartements royaux le manche. A l'est et au sud s'étendent des plates-bandes que sillonnent des allées de buis symétriquement dessinées; des moulures de pierre bordent des pièces d'eau verdâtre.

Nous pénétrons par une porte monumentale dans la cour des rois. Devant nous est un portique gigantesque, très-simple d'architecture. Au sommet de colonnes doriques se dressent les colossales statues cariatides des six rois de Juda, qui supportent un grand chapiteau triangulaire. Au pied des soubassements est un large escalier de granit dont les marches ont été tirées d'un seul bloc.

L'aspect de l'église est grandiose. La voûte repose sur des pilastres sans ornements. Luca Giordano l'a décorée de huit fresques d'une composition extrêmement féconde. On y voit les raccourcis les plus osés, des groupes d'anges agencés de la façon la plus bizarre, une profusion de personnages qui, malgré la variété de leurs mouvements, ne nuisent point au sujet principal. Le coloris en est tranquille, le dessin très-accentué. C'est l'œuvre d'un savant et d'un peintre, mais avec un soupçon de décadence. On peut dire de Luca Giordano qu'il est le dernier grand artiste de l'école italienne.

Une partie du plafond, au-dessus du chœur, est lourdement et grossièrement décorée.

Nous remarquons de riches reliquaires, des coffres ciselés où sont enfermés des ossements de saints. Devant un vase cylindrique, d'où sort une main d'or, prient des femmes vêtues de noir. De chaque côté du maître-autel, formé de marbres et de jaspes variés, des groupes de statues en bronze doré, plus grandes que nature, représentent Charles-Quint, Philippe II, des reines et des infantes, agenouillés sur des coussins, les mains jointes et rigides.

Les stalles sont en bois précieux. Sur un immense lutrin sont ouverts des missels illustrés de vignettes gothiques et de notes de plain-chant enluminées. De la voûte pend un lustre en cristal de roche.

Derrière le chœur, un étroit couloir nous conduit dans une petite chapelle. Sur l'autel est un Christ de marbre blanc, élégant comme un Apollon, merveilleuse sculpture de Benvenuto Cellini. Il est regrettable qu'on l'ait affublé d'une jupe à paillettes qui empêche de suivre les contours du corps. La tête — la chevelure surtout — est un peu lourde d'exécution. Deux croix le supportent : l'une en marbre noir, l'autre en bois.

Dans la sacristie sont des tableaux de maîtres. Citons deux Greco : un évêque à barbe blanche, taillée en pointes, coiffé de la mitre et vêtu d'une chape de brocard qui se détache sur un fond d'une

singulière harmonie; en face, un Philippe II vêtu
de noir, agenouillé, tête nue, sous une gloire, au
milieu de personnages historiques. Au fond, une
toile de Claudio Coello, la plus importante de la sacristie, occupe tout le retable de l'autel de la *Santa
Forma*. Il figure la procession qui reçut la sainte
hostie envoyée par l'empereur d'Allemagne à Philippe II. L'or et l'argent ruissellent sur les chapes
carrées des diacres et des sous-diacres; les digni-
taires qui entourent le roi sont autant de portraits.
Un buffet d'acajou, de noyer, de cèdre et d'ébène
contient les ornements sacrés. Çà et là, un Christ,
admirable de sculpture, est accroché à la muraille
parmi des glaces de Venise, dons de la reine Anne
d'Autriche.

Nous suivons un dédale de couloirs froids, humides, sans fin, et nous arrivons, par un petit escalier en vis, à la lanterne du dôme. Un paysage
immense, vertigineux, se déroule autour de nous.
Avec une longue-vue, à l'horizon d'une plaine
jaune, semblable à un désert, nous distinguons les
clochers et les principaux monuments de Madrid.
Un carré lumineux, de la grandeur d'un morceau de
craie, se voit à notre droite, entouré de touffes imperceptibles d'un vert obscur : c'est le Palais-Royal;
il est à six lieues de nous. A gauche, sur un terrain
plus accidenté, commence la forêt du Pardo, qui se
perd dans l'éloignement. A mesure que nous tour-

nons, les aspects se heurtent, le chaos s'accentue, tout disparaît sous un déluge de roches. A nos pieds est l'Escorial *de arriba*, bâti sur le versant de la montagne. Les maisons en sont petites, les rues montantes, horriblement pavées de cailloux pointus. Quelques arbres rabougris poussent avec peine dans de vieux patios bordés d'arcades. A la fontaine de granit de l'une des places, des jeunes filles puisent de l'eau dans leurs *jaros* poreux, parmi des ânes qui boivent à longs traits.

On descend au Panthéon des rois par un escalier dont les marches et les revêtements sont de marbre brun. La salle, octogone, a dix mètres carrés sur douze environ de hauteur. Sur l'un des côtés est un autel que surmonte un Christ en bronze. Quatre rangs de niches renferment des cippes en marbre noir sculptés, où sont gravés sur un cartouche les noms des rois et des reines ensevelis : Charles-Quint, Philippe II, Philippe III, Philippe IV, Charles II, Charles III, Isabelle, Anne, Marguerite, Élisabeth de Bourbon, etc. Le plus intéressant des sarcophages est celui de Charles-Quint. On voit, sous un verre qui ferme le cercueil, le grand empereur tout nu, pareil à un squelette recouvert d'un vieux parchemin. Un coin de linceul est relevé sur le ventre. La tête est parfaitement reconnaissable. Une paupière et une narine se sont affaissées sous le contact de l'air ; des poils de barbe roux sont encore collés à la mâchoire proéminente. Voilà tout ce qui reste du puissant souverain qui fit trembler l'Europe.

En remontant l'escalier, nous remarquons le portrait d'un dominicain au visage un peu bouffi, à la tête rasée, à l'œil intelligent, qui trouva un système pour retirer l'eau qui avait envahi le Panthéon.

Un ingénieur nous a remis une autorisation du roi pour visiter le musée : deux prêtres se promènent sous une galerie ; Prevost les aborde et la leur présente.

— Ah ! vous avez une lettre du roi ? dit d'un ton singulier le plus grand des deux prêtres.

— Oui ; voulez-vous être assez bon pour nous faire ouvrir la porte ?

— Le roi !... Qu'est-ce que ça nous fait, le roi ?... ajoute-t-il avec impertinence, en clignant de l'œil. Nous allons d'abord déjeuner... et bien déjeuner !... puis nous vous ouvrirons... parce que cela nous plaît... Quant à la recommandation de notre cher monarque, vous devinez à quel usage je la destine !...

Le musée contient plusieurs tableaux de maîtres des écoles italienne, espagnole et allemande.

Notons :

Une *Sainte Famille,* de Ribera, très-remarquable. Saint Joseph n'est pas tel qu'on le représente habituellement, vieux et caduc ; c'est un homme de trente ans, à la chevelure abondante, aux traits mâles et accentués ; l'œil est grand et vif ; la bouche, entr'ouverte par un sourire, laisse voir une rangée de dents blanches ; une barbe d'un noir vigoureux encadre le visage ; le cou, robuste et long, est planté dans deux clavicules énergiques ; la poitrine, velue, est couverte à moitié par un tablier de cuir et une chemise d'un rouge violacé, retroussée sur le biceps. La Vierge est une belle femme du type espagnol le plus prononcé ; elle tient sur ses genoux un Enfant-Jésus qui ressemble au père. Cette toile, d'un coloris brillant, est, sans contredit, une des plus belles pages du maître. Elle a disparu depuis notre première visite ; qu'est-elle devenue ?...

Une *Arachné*, de Luca Giordano, femme qui se métamorphose en araignée. Les doigts ont déjà l'aspect de griffes, et l'on sent dans l'air se former comme un tissu de toile.

Un retable, de Bosch, où le peintre s'est livré à tous les caprices de son imagination. On y voit des hommes qui ont des corps de crapaud, des grenouilles qui ont des têtes de femme, et beaucoup d'autres choses infiniment plus surprenantes, que ma plume se refuse à détailler. Est-ce un rêve ? Est-ce l'enfer, le purgatoire ou le sabbat ? Nous sommes dans le domaine de la fantaisie. Bosch est un primitif, un philosophe bizarre, extravagant, qui exprime avec un pinceau sa pensée souvent impénétrable.

Citons encore un Tintoret : *les Disciples d'Emmaüs,*

et un Velasquez, de l'époque des *Forges de Vulcain*. Il est d'autres toiles d'un grand mérite ; mais il serait trop long d'en faire la nomenclature.

L'appartement de Philippe II est une des parties les plus curieuses de l'Escorial. Dans une chambre étroite, élevée de plafond, on montre sa chaise à bras, dont le dossier est composé de bandes de cuir fixées par des clous de cuivre ; une table en bois de chêne sur laquelle il signait les affaires de l'État ; un pliant recouvert d'une étoffe où l'on distingue encore quelques taches jaunâtres, et qui servait de support à sa jambe gonflée par la goutte. Lorsque sa douloureuse maladie ne lui permettait pas d'occuper sa stalle, il assistait à l'office divin par une baie pratiquée dans le mur d'une pièce toute en marbre.

Au milieu de ce colosse de pierre, Philippe II se dresse comme un spectre noir. L'imagination le retrace tel que l'a peint Pantoja : despote blond, à la lèvre inférieure épaisse et proéminente ; à l'œil impassible, gris-bleu, dépourvu de sourcils, qui paraît tendre au premier abord ; aux pommettes osseuses et tendues, avec un pli imperceptible et pincé ; à l'oreille nue, fine et saillante ; aux cheveux ras et à la barbe taillée symétriquement. Serré dans un pourpoint de velours noir, il égrène dans ses mains, d'une chair livide, un gros chapelet gris.

— Voilà le portrait sinistre de cet homme qui fut moine et tyran.

VI

DE L'ESCORIAL A LAS ROSAS

Quittant l'Escorial, nous traversons un bois d'oliviers. Sur la route, nous rencontrons des chariots traînés par des bœufs qu'aiguillonnent des *carreteros* chaussés de souliers à fortes semelles et de guêtres ouvertes sur le côté de la jambe, coiffés d'un feutre à larges bords, vêtus d'un maillot de laine rouge et d'une culotte de gros drap noir, que serre à la taille une ceinture violette et que protègent des genouillères en peau de mouton teinte en brun. Les bœufs portent le joug sur le sommet de la tête, attaché aux cornes.

La plaine est jaune, crayeuse çà et là, grillée par le soleil. Un vent chaud soulève des tourbillons de poussière qui montent parfois en spirale à plus de vingt mètres au-dessus de nous. Le monastère de San Lorenzo, maintenant microscopique, se détache toujours en clair sur la montagne obscure. Bientôt les rochers se représentent, mais moins sombres, plus poudreux. Ici, le chemin se creuse et serpente. Dans ce désert est une fontaine cristalline où se désaltèrent des bêtes au repos. Un âne gris, qui paraît bleu sous les reflets du ciel, se gratte le cou sur le roc et finit par se coucher, les quatre fers en l'air, dans une flaque croupie. Des arrieros ronflent, le chapeau posé sur le visage en guise d'ombrelle. Nous apercevons au loin, perdu dans la plaine, le village de las Rosas. Devant nous, une longue file de chariots portent des fourrages, des sacs et toute espèce de marchandises à Madrid.

VII

L'HOMME ENRAGÉ

Nous nous arrêtons à las Rosas.

Prevost peint une étude d'après nature; couché près de lui, je parcours distraitement un journal..

Depuis quelques minutes, nous percevons des sons rauques, qui tiennent à la fois du râle et du grognement.

— Entendez-vous? me dit Prevost.

— Oui; quelque chien, sans doute.

— Mais, voyez donc : c'est un fou furieux !

Il me montre, roulé dans une mauvaise couverture, tête nue au soleil, agité de mouvements convulsifs, un homme hâve, à barbe hérissée, toute souillée d'écume. Son œil hagard, injecté, semble jaillir de l'orbite; ses cheveux incultes se dressent par touffes sur le front.

Cet homme nous regarde d'un air de bête fauve, comme prêt à bondir. Il a toute l'apparence d'un fou, mais avec quelque chose de plus terrible : l'écume qui bouillonne aux coins de la bouche et dégoutte, gluante, sur le poil roidi du menton. Nous n'avons pas d'armes, pas même une canne pour repousser l'attaque imminente de ce malheureux en proie aux fiévreuses secousses d'un violent accès. Son grognement s'accentue, ses dents, jaunes comme du vieil ivoire, s'entre-choquent avec un bruit sec. Il fixe toujours sur nous son œil glauque, où brille parfois un rouge éclair, et sa main crispée a les contractions d'une serre de vautour.

Un sentiment d'horreur indéfinie nous glace la moelle à l'aspect de cet être monstrueux qui se tord sous la brûlure des rayons solaires. A côté de nous se dresse un mur; nous l'escaladons. De là, nous observons à notre aise, sans danger.

Des voix retentissent du côté du village : l'alcade de las Rosas nous apparaît bientôt à la tête d'un groupe de gardes civils et de paysans armés de fusils, de bâtons et de fourches. C'est un gros homme en bras de chemise, vêtu d'une culotte noire d'où sortent des jambes grêles et velues, coiffé d'une *montera* moyen âge et serré dans une large ceinture qui contient à grand'peine les débordements d'un ventre énorme.

Du bout de sa canne à deux glands, insigne de son autorité, il indique l'endroit où s'agite le convulsionnaire.

— Par ici ! par ici ! crie-t-il à ses administrés.

Ils arrivent au pas de course ; l'un d'eux s'approche avec précaution, lance un paquet de cordes, et l'homme écumant se trouve pris dans un nœud, entre quatre robustes gaillards qui tirent de toutes leurs forces.

— Modérez votre zèle, dit l'alcade ; ne l'étranglez pas.

Puis, s'adressant à nous :

— Vous a-t-il mordus ? nous demande-t-il.

— Mais non ; pourquoi ?

— Parce qu'il est enragé !

Les gardes et les paysans entraînent le malheureux vers une maison en ruine, le poussent dedans à coups de crosse, ferment la porte à double tour et, du haut des murs, par les trous du toit, le fusillent comme un chien. Ensanglanté, l'homme se roule sur les cailloux qu'il mord, sur le sol qu'il déchire, et meurt, la bouche et les yeux ouverts, sans pousser une seule plainte.

Cette scène épouvantable nous impressionne vivement.

— Suivez-moi, nous dit l'alcade, je vais vous montrer un spectacle tout aussi répugnant. La rage est fréquente chez nous, parce que la population travaille toute la journée dehors et laisse les chiens sans nourriture. Ces pauvres animaux, affamés, mangent tout ce qu'ils trouvent et vivent presque exclusivement de charognes et de cadavres qu'ils déterrent. Vous comprenez quel effet désastreux produisent sur leur organisme ces repas de chair en putréfaction.

Le bonhomme nous introduit dans un petit cimetière bordé de murs. De la porte, il ne reste que les gonds et deux lames de fer. Partout le sol est profondément gratté. D'une tombe béante émerge une jambe aux trois quarts rongée, couverte de mouches multicolores. Allongé sur le ventre, un grand chien noir affreusement maigre, dont le poil est tombé par larges plaques, dévore un foie humain.

Nous sortons de cet immonde pourrissoir le cœur soulevé de dégoût.

— Quoi ! dis-je à l'alcade, une simple porte suffirait pour garantir vos morts contre ces envahissements sacriléges, et vous ne la faites point remettre ?

— Et les fonds ? me répond-il en clignant de l'œil.

Ce mot me rappelle tout à coup que je suis en Espagne. Prononcé par un fonctionnaire de l'État, il caractérise un peuple.

VIII

LES CIMETIÈRES

Le cimetière que nous venons de voir ne diffère pas essentiellement des nôtres. Je vais décrire, une fois pour toutes, ceux que nous trouverons plus tard sur notre chemin.

Les cimetières espagnols se composent de grandes cours fermées de murs épais, le long desquels règne une galerie dallée. Au lieu d'enterrer les morts, on les dépose horizontalement dans l'épaisseur des murailles construites en alvéoles. L'aspect des cellules maçonnées et couvertes d'inscriptions sur plaques de marbre ou de pierre, est assez étrange au premier abord : on dirait les étagères d'un magasin de mercerie. Mais bientôt une odeur très-caractéristique dissipe toute illusion. Des fosses communes surtout, à peine comblées, se dégagent des miasmes si putrides, qu'il est impossible à beaucoup de personnes de les respirer.

La cérémonie religieuse et le service des pompes funèbres sont les mêmes qu'en France.

J'ajouterai ce trait de mœurs, qui paraîtra bizarre : les Espagnols suivent les corbillards en fumant.

Chez nous, un homme qui perd sa femme, a beau la plaindre de tout son cœur, exhaler aux quatre vents du ciel des gémissements douloureux, s'il l'accompagne au sépulcre la pipe à la bouche, chacun se récrie sur une telle inconvenance.

Lorsqu'un tout jeune enfant expire, on l'ensevelit dans une caisse ornementée, on lui couvre le corps de fleurs, et des gamins et gamines le promènent dans les rues, tout joyeux, comme s'ils portaient un chat à la rivière. Le couvercle est levé, de sorte que tout le monde peut voir le visage bleu du petit cadavre.

Le premier convoi de cette espèce que je rencontrai me combla de surprise. Une dizaine de moutards se disputaient le plaisir de secouer un cercueil guère plus grand qu'une boîte à cigares. D'un amas de roses artificielles émergeait une boule gélatineuse pétrie en forme de tête. Pas un homme, pas une femme n'était là. Je crus à un jeu de poupée.

Arrivés au cimetière, les enfants se partagent les fleurs répandues sur le jeune mort, le couvercle est mis et la bière livrée au fossoyeur.

On ne salue pas les corbillards, comme à Paris; mais, en revanche, quand un prêtre porte le saint-sacrement, chacun s'agenouille devant le soleil d'or.

Un soir, je fus conduit dans un café borgne où des filous s'exerçaient à lancer des poignards dans le ventre de bonshommes grossièrement dessinés sur des carreaux en zinc. Le saint-sacrement passa dans la rue. Dès les premiers tintements de la clochette, ils s'interrompirent, s'agenouillèrent pour prier, puis recommencèrent après quelques signes de croix.

Les cimetières sont presque abandonnés; les Espagnols n'ont pas, comme nous, le culte des morts. Cette indifférence doit avoir pour unique cause le genre de sépulture. S'il y avait des tombes où les familles pussent semer et cultiver des plantes, les champs du repos, sans cesse visités, n'auraient pas cet aspect morne que leur donne la solitude.

Une fois seulement chaque année, le jour de la Toussaint, les cimetières de Madrid prennent un curieux air de fête : De chaque côté des niches, ornées de couronnes, de rubans et de fleurs, sont allumés des cierges qui brûlent toute la nuit. Devant les cellules de la noblesse, deux domestiques en grande livrée, immobiles comme des cariatides, tiennent de riches flambeaux. Le soir, le coup d'œil est fantastique : les fosses communes sont recouvertes d'un drap noir sur lequel la foule des visiteurs jette de la monnaie. Dans un angle de la cour réservée aux pauvres est le lieu de sépulture des suppliciés. Personne n'y va : c'est le « coin maudit ». Toujours on voit en Espagne la note sombre à côté de la note éclatante, les misères en face des splendeurs !

IX

UNE IDÉE ORIGINALE.

— Il me vient une singulière idée, dis-je à Prevost. Voulez-vous que nous parcourions les provinces méridionales avant de visiter Madrid ? La capitale de Philippe II doit avoir beaucoup perdu de son caractère espagnol. Je me la représente percée de grandes rues, éventrée de larges boulevards, comme Paris et les principales villes d'Europe, avec des jardins-promenades, des Champs-Élysées quelconques où se presse une foule cosmopolite. Il me faut les chaudes effluves du Midi, les hameaux pittoresques blottis sous les cactus, les costumes aux vives couleurs, resplendissant sous le soleil, les parfums enivrants des bois de lauriers-roses et d'orangers!... Sans doute, les richesses artistiques du *Real Museo* vous attirent et me séduisent; mais nous les verrons plus tard, après avoir admiré les immortels chefs-d'œuvre de Tolède et de Séville, les incomparables merveilles de l'Alhambra de Grenade. Voyageons en véritables touristes, dédaignant les indications trompeuses des guides, allant au gré de nos désirs, dirigés par notre seule fantaisie. Un grand nombre d'auteurs ont étudié l'Espagne et l'ont décrite d'une manière plus ou moins satisfaisante; sachons la voir autrement et mieux qu'eux; découvrons des aspects nouveaux; fuyons les sentiers battus.

— En route! me répond le charmant artiste.

Nous suivons *el rio Guadarrama*, qui se jette dans le Tage à l'est de Tolède. Le paysage est d'une affreuse monotonie, sans autre végétation que des touffes d'herbes desséchées qui poussent sur un terrain rocailleux. Madrid nous apparaît à gauche, comme juché sur une montagne. Ses clochers pointus, en forme de sonnette à main, se détachent sur le fond bleu saupoudré de neige du Guadarrama. La capitale espagnole nous semble beaucoup plus grandiose et pittoresque qu'elle ne l'est en réalité.

Nous rencontrons des chevaux libres dont l'épaisse crinière flotte au vent. A notre approche, une pouliche se pose en arrêt, les oreilles dressées, les quatre jambes roidies, nous regarde avec surprise, puis, tout à coup, part comme une flèche et va rejoindre son troupeau qui paît au loin.

Nous nous arrêtons, le soir, à une vieille posada. Un escalier de bois, ouvert sous le hangar, monte à une vaste salle où quatre niches tiennent lieu d'alcôves. Dans chacune est un lit d'assez bonne apparence. Nous choisissons chacun le nôtre; mais, au moment de nous coucher, nous apercevons avec horreur des araignées énormes, noires et velues, qui grimpent dans l'ombre sur les murs.

— D'où viennent ces ignobles bêtes? demandons-nous à la maritorne.

— Oh! messieurs, nous dit-elle, il ne faut pas les tuer, elles sont très-utiles.

— Utiles dans cette chambre? Pourquoi?

— Vous êtes au-dessus de l'écurie.

— Oui, l'odeur nous en a prévenus; après?

— Les araignées s'introduisent dans les fissures des planches, tendent leurs toiles et prennent les mouches qui piquent les mules.

— Très-bien; mais il nous est impossible de dormir en leur compagnie. Tuez-lez, ou nous sortons !

Elle tire sa pantoufle et, de mauvaise grâce, en assène un coup maladroit sur le plus gros des insectes, qui continue à grimper clopin-clopant.

Il fait un magnifique clair de lune; nous nous décidons à passer la nuit dehors, sur une borne.

Vers quatre heures du matin, nous voyons venir, solidement attaché sur un cheval noir, un chef de bandits qu'escortent un *capellan* et cinq gardes civils. Les circonstances de l'arrestation sont extraordinaires. Les voici :

X

HISTOIRE DE BOTTES

Cinq gardes civils étaient attablés dans une petite auberge. Ils s'entretenaient, après boire, d'un chef de brigands très-redouté, qu'ils avaient mission de poursuivre et de prendre, mort ou vif. Ces braves militaires avaient débouclé leurs ceinturons, accroché leurs armes au mur, et, la cigarette aux lèvres, enveloppés d'un nuage odorant, se confiaient tout bas leurs risques et leurs craintes.

Les ombres du soir se déroulaient au dehors comme une vaste gaze sur la plaine aride et sablonneuse. La salle, à peine éclairée, avait un aspect sinistre. La lumière vacillante d'un *velon*, léchant les ténèbres accumulées dans les angles, produisait des sourcillements terribles. Si courageux qu'on soit, on éprouve, la nuit, dans les posadas isolées, un vague frisson d'horreur. On se figure toujours marcher sur des trappes, être entouré de guet-apens. Chaque trou dans le mur semble un grand œil qui guette, chaque bruit a des échos lugubres qui donnent l'impression de la menace ou du râle. Les touristes qui ont parcouru l'Espagne à pied connaissent les périls cachés dans ces infernales auberges.

Accoudés sur la table, les gardes civils avaient de plus en plus baissé la voix. Eux qui s'étaient trouvés sur maints champs de bataille, tremblaient presque à cette heure en prononçant le nom du bandit qu'ils pourchassaient.

Tout à coup la porte s'ouvre, un homme de haute stature paraît sur le seuil. Il a sur l'épaule une carabine, dans la ceinture un revolver.

— C'est lui! disent les gardes en se poussant du coude.

— Oui, messieurs, moi-même. Vous ne m'attendiez donc point? Quel dommage que vous ayez dîné, nous aurions pris notre repas ensemble... J'ai un appétit de tous les diables... Allons! *mozo*, sers moi promptement... Vous savez, messieurs, que je

ne plaisante pas... Tenez-vous tranquilles, sinon...
Il les met en joue ; les gardes baissent la tête.

— Du reste, ajoute-t-il avec indifférence, mes camarades cernent la maison ; si vous bougez, j'appelle, vous êtes garrottés et fusillés dans la montagne.

Après cet avertissement donné d'un ton sec, il s'assied, place sa carabine entre ses jambes, et l'entretien continue sous une forme amicale. Le mozo sert tout ce qu'il trouve avec un empressement fébrile. Le bandit mange et boit, l'œil fixé sur les gardes, qui répondent à ses toasts.

Pan ! pan ! deux coups discrets résonnent sur le bois de la porte massive.

— Ah ! ah ! un nouveau compagnon ?... Parbleu ! quel qu'il soit, fût-il Lucifer en personne, je lui souhaite la bienvenue.

Les gardes anxieux se serrent les uns contre les autres.

Un capellan de taille athlétique entre, et, les mains jointes, salue en point d'interrogation.

— Quelle nuit noire ! dit-il en s'approchant de la cheminée. De gros nuages roulent dans le ciel, de larges gouttes de pluie tombent sur le sol poudreux ; je plains les voyageurs égarés dans la campagne. Quant à moi, je n'irai pas plus loin. Dussé-je dormir sur une planche, je suis des vôtres, messieurs... Ah ! mais j'ai l'estomac littéralement vide, j'éprouve

l'irréristible besoin d'avaler quelque chose. Ne reste-
t-il pas un œuf, un morceau de lard, une queue de
morue ? Répondez vite, ou plutôt servez sans répondre.

— Père, dit le brigand, prends une place à mon
côté, sans façon, et partage mon repas. Tiens ! veux-
tu cette aile de volaille ?... Que penses-tu de ce vin
généreux ? Il est doux comme le miel et chaud
comme le soleil d'Espagne !

— Mon fils, Dieu te le rende... dans une autre
existence.

— Mais non, mais non, je préfère dans celle-ci !

— Hélas ! lequel de nous est assuré de vivre en
core un quart de seconde ?

— Bah ! l'enfer n'a pas de prise sur des gaillard
de notre espèce ! Nous sommes au moins aussi solide
que la *Puerta del Sol* de Tolède. Allons ! allons
père, bannis de ton cerveau ces idées sépulcrales e
trinque à ma maîtresse !

Le capellan, ancien dragon d'Isabelle, boit e
mange comme jadis Astydamas de Milet, Théagèn
de Thasos ou Milon de Crotone. Ses pommettes s
colorent, son petit œil gris a des flamboiements d
topaze. Il paraît heureux et rit à pleine gorge, e
disciple de Rabelais. Parfois son visage s'empourpre
son nez semble un piment planté dans une tomate
Au dessert, le bandit se lève.

— Messieurs, dit-il aux gardes, mes brodequi

sont usés, vos bottes sont neuves, nous allons faire un échange. Déchaussez-vous et venez à tour de rôle m'exhiber la longueur de vos semelles.

Il s'assied à l'écart, sa carabine toujours posée entre ses jambes, et chaque garde, nu-pieds, tremblant, vient lui présenter sa chaussure.

Toutes les bottes se trouvent trop étroites ou trop larges. Le bandit, furieux, jure et blasphème horriblement.

— Mon fils, lui dit le capellan d'une voix doucereuse, puisque tu m'as offert la moitié de ton repas, voici mes souliers ; s'ils te vont, je te les donne.

Au moment où le scélérat se baisse sans défiance, le prêtre le saisit dans ses bras nerveux, le terrasse et jette au loin son revolver.

Alors une lutte terrible s'engage. Les deux athlètes sont à peu près d'égale force. Ils s'étreignent à se broyer les os. De leurs poitrines haletantes sortent de rauques sifflements. Ils se frappent et se meurtrissent. Le sang jaillit de leurs blessures. Chacun cherche à mettre la main sur la carabine tombée à deux pas. Ils se tordent et se roidissent, se déchirent et se mordent...

— Lâches ! s'écrie le capellan, vous ne m'aiderez donc pas à maintenir cet assassin !...

Chose incroyable, mais vraie, les gardes, cloués sur leurs chaises par la peur de voir les autres bandits se précipiter au secours de leur chef, ne décrochent pas leurs armes et regardent, sans y prendre part, cette émouvante scène.

— Ah! si je me dégage de tes enlacéments de reptile, hurle le brigand essoufflé, je t'enlèverai la chair par lambeaux!

— Je t'écraserai, maudit scorpion, riposte le prêtre, ruisselant de sueur.

Puis, dans un effort suprême, il s'empare de la carabine et dit :

— Maintenant, tu es à moi, voleur de grands chemins, criminel redouté de toute la Castille!... Depuis un an je suivais tes traces, je t'épiais, caché derrière les buissons... Ce soir, tu m'appartiens! Relève-toi. Si tu tentes de fuir, je te tue comme une bête fauve!

Sitôt debout, le bandit veut s'élancer vers la porte; mais il tombe frappé d'un coup de feu à la cuisse.

— Liez-le solidement, mauvais soldats, commande le capellan d'un ton bref; demain, nous le livrerons à la justice... Non, ajoute-t-il après avoir regardé dehors; les nuages sont dissipés, la lune brille de tout son éclat, partons tout de suite.

XI

ARRIVÉE A TOLÈDE

Le brigand et son escorte s'éloignent dans la nuit. Deux heures plus tard, nous nous remettons en route.

Au milieu de la plaine jaune, le Tage décrit une courbe d'un bleu sombre parmi des bouleaux au tronc svelte et argenté. Nous traversons le fleuve. A notre droite s'élève une montagne grise, au sommet arrondi, complétement chauve; devant nous, au loin, se découpent les monts de Tolède. La nature est maigre, tous les arbres sont chétifs : on dirait une jeune végétation sur un vieux sol.

A mesure que nous avançons, surgissent des roches d'un gris violacé, couvertes d'une mousse brune tachetée de noir. Bientôt l'Alcazar de Charles-Quint, couleur croûte de pâté, se dresse au-dessus de la ligne accidentée des toits pointus de la ville. De la masse des maisons, d'un ton grillé généralement uniforme, se détachent quelques murailles d'un blanc pur. Sur une éminence, parmi des ronces et des chardons, est une antique forteresse flanquée de tours rondes, où l'on remarque des vestiges du style mauresque : c'est le château de San Cervantes.

Nous entrons à Tolède.

TOLÈDE

TOLÈDE

I

VUE GÉNÉRALE.

Tolède est bâtie sur une immense roche dont les blocs, violemment entassés, forment sept collines d'inégale hauteur. Sur la plus élevée trônent, superbes, les murs léchés par les flammes du quatrième et dernier Alcazar. Les ruelles montent, descendent, se contournent en inextricable dédale; les maisons s'échelonnent, s'accumulent, ont l'air de se pousser, de se serrer le plus possible les unes contre les autres. Les Goths, les Maures, les Juifs et les Espagnols ont respecté tous les caprices du granit et construit, au hasard des escarpements, ce bizarre pêle-mêle de somptueux palais et de sombres monastères où la brique et le bois présentent les plus curieux spécimens de l'art décoratif, les plus beaux modèles de l'architecture ancienne et moderne. Entre les ponts d'Alcantara et de San Martin, au fond d'une énorme crevasse ouverte en demi-lune dans le roc, le Tage, tour à tour paisible et rapide, roule ses eaux sur le sable ou mugit sur les ruines des vieilles arches arabes. Du côté des plaines de la Castille, apparaissent les remparts et les portes monumentales édifiés par Wamba. Les monts de Tolède et la sierra de Guadalupe, qui s'étagent au loin, encadrent majestueusement ce prodigieux amas de richesses archéologiques.

Tel est, à vol d'oiseau, l'aspect de cette ville étrange, qui semble un rêve d'antiquaire réalisé par un magicien des contes bleus. A tout pas on découvre de nouvelles beautés. L'art vous enfoure, vous enlace, vous séduit et vous retient. Ce ne sont partout que *patios* et *techumbres* arabes, portes armoriées et grilles en fer d'un travail exquis, marteaux historiés et clous à grosses têtes ciselées, arabesques et colonnettes, style gothique et plateresque, appliques d'azulejos, qui jettent des tons gais sur les façades, comme un soupçon de rouge et de blanc sur un joli visage, fresques de Jean de Bourgogne et tableaux de Greco, statues et bas-reliefs de Berruguete, caractères cufiques et joyaux archéologiques, merveilles sur merveilles : vous n'êtes plus dans la vie réelle ; quelque génie enchanteur évoque à vos yeux une féerie de chefs-d'œuvre !

Faisons un choix dans cette mosaïque incomparable.

II

LA CATHÉDRALE.

Tout d'abord, parlons de la cathédrale, de style gothique, fondée pàr saint Eugène et bâtie sur le plan de Pedro Perez.

L'extérieur est imposant. Les *Guides,* qui comptent jusqu'aux clous des portes, disent que l'intérieur, éclairé par sept cent cinquante fenêtres, long de cent treize mètres, large de cinquante-sept, haut de quarante-cinq, est divisé en cinq nefs par quatre-vingt-huit faisceaux de seize colonnes.

Nous y remarquons :

Les peintures murales de Bayeu, dont une d'un puissant effet : l'*Enfant crucifié* auquel un brigand arrache le cœur. Le Watteau espagnol a surtout mis en scène dans ces fresques les catholiques persécutés par les Maures. Les grandes peintures sont plus largement traitées que les petites, qui sont lourdes, huileuses. Les types des Maures sont de mauvais goût, tels qu'on les dessinait dans les arabesques, sous Louis XV ; — de vrais Maures de carnaval. — Des visiteurs ont cru faire une amusante plaisanterie en gravant, avec la pointe de la *navaja,* des déclarations d'amour sur les jambes des saints. Il peut être très-agréable pour Josefina de savoir que Pedro l'aime ; mais, pour tous les amis des beaux-arts, ces détériorations sont un acte de vandalisme.

La *silleria* du chœur, menuiserie adorablement fouillée et couverte de bas-reliefs dont les figures grotesques représentent des sujets allégoriques : œuvre étonnante de patience et d'art.

Le « transparent » de la *capilla mayor,* morceau du genre churrigueresque.

Les fresques gothiques et la fameuse *Conception* en mosaïque de la chapelle mozarabe.

L'*Ochavo,* où sont enfermés une statuette en or de *Juan de las Viñas,* quantité de reliquaires et de bustes précieux, et, dans des cercueils d'argent ciselés, les ossements de saint Eugène et de sainte Léocadie.

Enfin la sacristie, où je signale un magnifique Goya, un admirable Greco, et le plafond, peint par Luca Giordano, qui est une des compositions les plus saillantes, sinon la meilleure de ce maître.

De toutes parts l'œil s'égare au milieu d'une floraison d'ornements du plus fin travail, de statues du plus délicat modelé, de balustres de marbre et de bronze, de volutes de jaspe, d'ivoire et d'or. Éblouissante basilique qui recèle dans l'épaisseur de ses murs les cadavres d'archevêques et de rois.

J'obtins, en 1873, l'autorisation, très-rarement accordée, de contempler les splendeurs du trésor : la grande *Custodia,* en argent doré, haute de plus

de cinq mètres, ruisselante de brillants et d'émaux ;
la *Vierge du Sanctuaire,* criblée de cent quatre-
vingt-cinq mille perles, étincelante de diamants, de
rubis et d'améthystes ; les superbes statues en argent
massif des quatre parties du monde ; mais surtout le
Saint François, d'Alonso Cano, bien supérieur pour
moi à toutes les ciselures de l'orfévrerie, à toutes les
magnificences de l'ornementation religieuse.

Le *Saint François d'Assise* a soixante-treize centimètres environ de hauteur. Il est en bois peint. La
tête, livide, un peu petite pour la longueur du corps,
est encapuchonnée. A travers les lèvres bleues de la
bouche ouverte, on entrevoit les dents. La moustache est légère, la barbe brune, taillée en pointes.
Les yeux, levés au ciel, sont bordés d'une ligne de
poils d'une grande finesse. Les sourcils, blonds,
sont à peine indiqués. La physionomie exprime
l'extase et porte l'empreinte d'une austérité maladive. La robe, composée de diverses pièces gris-
bleu, chocolat, café, dont chacune indique sa trame,
tombe sur un seul pied : le second est remplacé
par un pli qui fait l'aplomb de la statue. Un cordon
en sparte serre la taille. Les mains disparaissent
dans les manches. Le piédestal est très-simple d'ornementation, mais d'un beau dessin qui donne à
l'ensemble beaucoup de relief et d'ampleur.

Cette œuvre sublime est estimée plus de cent mille
francs. Le chapitre la tient sous clef. Sauf l'humble

auteur de ces lignes et deux de ses amis : Zacharie
Astruc, qui en a fait une copie si belle, et Moreno,
directeur de l'école de peinture de Tolède, personne ne l'a vue depuis la révolution de 1869. Le
dean refuse tout net.

Deux vols, dont un considérable, ont été le prétexte de cette mesure rigoureuse, si préjudiciable à
l'art européen.

Je ne m'explique pas, je l'avoue, que dans l'exclu-
sion aient été compris l'empereur du Brésil, madame
la marquise de Bouillé, notre ex-ambassadrice, et
beaucoup de notabilités qui, certes, n'avaient nulle-
ment l'intention d'emplir leurs poches des merveilles enfouies dans les caveaux de la cathédrale et
de se sauver ensuite par-dessus les toits.

III

LA PROCESSION.

Les processions de l'Espagne ont une réputation
universelle. Dès les premiers jours de la semaine
sainte, les étrangers affluent à Tolède, à Séville et à
Malaga. Dans ces deux dernières villes, les rôles
bibliques sont mis à l'adjudication, et il est rare
que l'un des concurrents consente à prendre la
forme du Christ à moins de deux mille réaux. Cette
somme ne paraîtra point exagérée lorsque j'aurai

dit que le pauvre hère est flagellé sur tout le parcours du cortége, avec de véritables verges, par des hommes vigoureux.

A Tolède, rien de semblable.

Los Nazarenos, vêtus de costumes du règne de Philippe IV, en velours noir, coiffés de cagoules très-élevées et très-pointues, ouvrent la marche au bruit des trompettes de l'Inquisition et de tambours voilés.

Viennent ensuite, bannières au vent, tous les autres groupes de la Passion, parmi lesquels des hommes couverts d'armures historiques du temps de Charles-Quint, qui scandent lourdement le pas sur le pavé sonore.

Chaque groupe est précédé d'un chef de cérémonie, en costume de ville visible sous une chape de percaline. Une médaille d'argent, de l'ordre de la Charité, brille sur sa poitrine, suspendue à son cou par un cordon bleu à liséré blanc. Il porte un grand bâton surmonté d'une petite croix en métal ciselé.

La dernière figure est un vieux Christ, — le Christ des Rogations, — qu'on ne sort guère, depuis les scènes inquisitoriales, que le vendredi saint. Il est peint en vert sale ; son visage disparaît presque complétement sous une longue perruque ; une courte jupe de soie blanche, à franges d'or, est fixée à ses flancs. La croix à laquelle il est cloué, très-lourde, en bois massif, fait plier sous son poids les pénitents robustes qui la promènent sur les épaules, entièrement ensevelis dans un froc et une cagoule de percaline gris-cendre.

Les prêtres de la cathédrale, suivis des thuriféraires, des porte-croix et des enfants de chœur, ferment la marche en psalmodiant.

Cette musique, ces chants lugubres font courir un frisson à la racine des cheveux. On se rappelle tout à coup l'Espagne sombre, farouche, des auto-da-fé, et l'on cherche instinctivement les malheureux que l'on allumait, au moyen âge, en guise de cierges.

De vieilles femmes se jettent à plat ventre et baisent la terre, tandis que des drôles déguenillés, les cheveux en broussaille, sales et beaux comme de jeunes Spartiates, passent entre elles, cyniques, pour ramasser des bouts de cigarettes.

Des vaqueros, le front ceint d'un mouchoir, drapés dans leurs manteaux aux larges plis, se tiennent debout, pareils à des statues antiques.

Aux fenêtres, derrière les courtines, apparaissent des têtes adorables aux grands yeux de flamme, et, sur le trottoir, des Tolédanes jouent avec grâce de l'éventail, penchées sous leur mantille que retient un large peigne d'écaille coquettement planté dans leur chignon touffu, un peu à gauche.

Inondez cette scène des rayons de ce magnifique soleil d'Espagne qui resplendit sur les cuirasses et

les costumes aux multiples couleurs, sur l'or et les
pierreries, et vous aurez une idée de ce spectacle
magique qui attire, chaque année, des curieux de
toutes les parties du monde.

IV

ÇA ET LA.

Il est, à Tolède, une foule de curiosités artistiques, de chefs-d'œuvre placés dans la pénombre
d'une église ou derrière des murs en ruine; on
passe devant sans s'arrêter, sans les voir.

Ainsi, dans une vieille basilique, Santo Tome, se
trouve une des plus belles toiles de Greco : *l'Enterrement du comte d'Orgaz.*

La partie supérieure est une gloire où sont disposées de longues figures d'un coloris argenté, d'une
composition étrange, mais magistrale. La partie
inférieure, admirable de caractère, est d'une extraordinaire personnalité. Vingt-trois seigneurs sont
groupés autour d'un archevêque coiffé de sa mitre
et d'un diacre vêtu de brocard, qui soutiennent le
comte d'Orgaz couvert de son armure. Chaque tête
est un portrait d'une facture très-large, d'une touche
hardie et savante, d'une exécution digne des meilleurs tableaux du Titien. Les noirs des costumes

sont d'une qualité harmonieuse qu'on retrouve tou
jours chez les maîtres espagnols ; les blancs sor
fermes, éclatants et transparents.

Cette toile appartient à la comtesse de Alborno'

Dans l'église de San Juan de Bautista, érig
en 1540 par le cardinal-archevêque D. Juan Taver
est la dernière œuvre de Berruguete : le mausol
du fondateur.

Quatre cariatides puissamment sculptées, dont l
draperies se mêlent, pour ainsi dire, aux chai
soutiennent les angles. Au-dessous sont des group
d'enfants nus, à têtes un peu écrasées. Un bas-reli
orne chaque panneau. Le cardinal est couché s
un matelas de marbre d'un moelleux surprena
Sa tête repose sur un riche coussin. Vue de côté,
figure présente un profil d'un dessin admirable,
eût fait envie à Holbein. Les mains, osseuses, des
chées, paraissent avoir maigri sous les gants.
mitre, enrichie de pierreries, ajoute à la sévér
du visage. Sous les plis du costume, on sent
rigidité de la mort. L'impression produite est plu
celle d'un cadavre réel que d'une statue exécu
par le ciseau du célèbre artiste.

Au milieu de bicoques étroites, délabrées, mi
rables, où les juifs étaient parqués comme dans
léproserie, subissant, tête basse, toutes les ex

tions des princes qui les dépouillaient, tous les crimes des moines qui les brûlaient ; dans ce quartier malsain où règne la chlorose, se cache une vieille synagogue, *Santa Maria la Blanca*, successivement transformée en église, en asile de repenties, en ermitage et en caserne, puis restaurée et confiée aux soins d'un concierge. Des rangées de sept piliers octogones, reliés par des arcs mauresques, forment cinq nefs. Les chapiteaux en stuc sont de style byzantin. Les ornements séduisent par leur délicatesse et leur variété. L'ensemble offre un singulier mélange de splendeur et de misère.

———

Nous n'en finirions pas si nous voulions décrire tous les palais antiques où sont enfouis de merveilleux trésors, toutes les bâtisses où se dissimulent, sous d'épaisses couches de chaux, de précieux échantillons de l'architecture arabe. Il faut entrer partout, voir tout, et quand on a cherché, fouillé pendant des mois, il faut chercher encore, fouiller toujours.

V

SAN JUAN DE LOS REYES

(Effet de lune.)

A l'exception du chevet, très-riche en beaux détails, l'œuvre de l'architecte Juan Guas n'offre à

l'extérieur rien de bien remarquable. L'intérieur,
au contraire, est digne d'une étude approfondie.

Surmontée d'une croix gothique, des deux côté
de laquelle sont les figures de saint Jean et de Marie,
portraits de Ferdinand et d'Isabelle la Catholique,
fondateurs de l'église, une porte donne accès dan
un patio couvert où des tableaux médiocres son
accrochés aux murs. On descend quelques marches
et l'on est dans l'ancien réfectoire des franciscains
aujourd'hui transformé en musée. Le gardien y fai
admirer des fragments d'architecture mauresqu
des temps les plus reculés, un puits de pierr
émaillée, des débris de sculptures avec inscription
romaines d'un certain intérêt, des restes de cise
lures sur bois provenant de la maison de Pierre l
Cruel, quelques vases de Talavera, un étendard vei
et la Vierge noire de Guadalupe, fort vénérée dan
la province de Tolède. Au-dessus de la porte d
fond, dans une niche ronde, un bas-relief repré
sente un cadavre d'homme en putréfaction : choi
bizarre pour une salle à manger ! Le plafond, très
simple, est orné de rosaces que forment d'élégant
nervures. La lumière n'arrive que par un œil-d
bœuf. C'est froid, mystérieux, sinistre même à d
certaines heures.

La porte du fond conduit au cloître par l
gauche, ou à la grande galerie de peinture, en fac
par un escalier tournant.

Le musée est pauvre. Je ne citerai que les cartons, très-finis, des fresques de Bayeu, que j'ai signalées sous les galeries du patio de la cathédrale, et deux toiles de Greco : son portrait et celui du maestro Juan D. Avila.

A l'extrémité du musée, à droite, est une petite porte secrète pratiquée dans le mur : elle s'ouvre sur trois marches de pierre usées, qu'on franchit en se courbant. On arrive bientôt à une galerie découverte qui suit les sinuosités de l'architecture. Au-dessus, dans les trous de la pierre, nichent des oiseaux de nuit. C'est par là que les princes se rendaient à l'une des deux tribunes suspendues aux derniers piliers de la nef.

Des balcons fouillés à jour de ces tribunes, on a l'aspect du gothique fleuri dans toute sa pureté. L'œil ne se lasse pas de contempler l'élégance du style et la richesse de l'ornementation ; une splendide guipure. Les encorbellements portent les chiffres de Ferdinand et d'Isabelle. Le maître-autel avait jadis un immense et merveilleux retable, semblable à celui de la cathédrale ; il fut brûlé pendant la guerre de l'indépendance. Les bas-reliefs, d'un magnifique travail, représentaient la Passion en bois sculpté, peint et doré.

Une partie du cloître fut également incendiée. On n'y voit plus que quelques arceaux de style gothique mélangé de sarrazin. Çà et là, des fragments d'architecture, des plaques d'azulejos gisent sur le sol. Des pierres creuses servent de lavoir à la femme du gardien. Partout un amoncellement de poutres, de ruines de toute espèce. Au lieu de moines, des coqs et des poules.

Du couvent incendié on passe dans une cour où sont des bancs de pierre et un vieux puits à sec. On suit un chemin bordé d'arbustes, dont un cyprès et deux grenadiers, on arrive à une seconde cour fermée de murs élevés et nus, et l'on pénètre par une grande porte de bois peinte en rouge, d'un aspect inquisitorial, sur les dalles brisées du cloître.

Le coup d'œil est magique.

Un soir, je m'y trouvai tout seul, par un beau clair de lune. Quel étrange spectacle ! quelles fortes sensations !...

Sous les voûtes, mes pas se répercutent longuement, avec un bruit formidable. Une citerne et deux puits, étroits et profonds, ont des échos surnaturels. Ils communiquent à une vaste galerie pleine d'eau, qui donne à la dalle une sonorité sinistre. On dirait que la terre va craquer pour livrer passage à des moines en cagoule. Des pierres cou chées affectent des formes de cadavres. Les statue qui jonchent le sol, les unes assises, les autres age nouillées, debout, dans l'ombre, éclairées, reporten mes souvenirs au moyen âge. Les approches de puits sont hantées par des bêtes visqueuses et re poussantes. Des araignées, qui sortent des crevasses, me paraissent gigantesques. Des chats-huants jurent, des chauves-souris me frôlent de l'aile. Noyés dans un rayon de lune, des vignes vierges, des rosiers et des touffes de fleurs pareilles à des étoiles de diamant, serpentent à travers les ornements à jour et se mêlent aux feuilles de pierre. C'est comme un jardin en grisaille.

Soudain, un cri bizarre trouble le silence ; un corps roulé en boule s'élance d'une niche et me fait tressaillir... Alors, tout prend une vie fantastique. Les monstres sculptés semblent ouvrir leurs gueules et hurler des menaces. Je crois voir des ombres de franciscains glisser le long des arceaux. Mes pas éveillent des tonnerres souterrains qui m'emplissent les oreilles de leurs furieux roulements. Des spectres hideux se dressent de toutes parts, grimacent, grincent des dents et, me montrant leur poing décharné, me regardent de leurs orbites vides. Vers moi marche lentement dans l'ombre, l'œil sillonné de fauves éclairs, l'affreuse bête qui a jailli du mur... Terrifié, je m'arrête... Mais l'animal approche, approche toujours... Déjà son poil effleure ma jambe... Saisi d'horreur, je me penche, et... et je pars d'un éclat de rire nerveux. Mon ridicule cauchemar s'évanouit devant le chat du concierge, qui sollicite humblement mes caresses.

Avide d'émotions nouvelles, j'entre dans l'église.

L'obscurité règne sous les voûtes. J'avance avec précaution entre les piliers. Tout à coup, mon pied heurte une caisse de forme singulière, qui rend un son mat. Au moment où je me baisse pour me rendre compte de l'odeur âcre que dégage le contenu, un rayon de lune, perçant un ogival, éclaire une partie de la nef, et je vois un cercueil peint en noir, dans lequel gît, la figure contractée, les yeux entr'ouverts, le cadavre d'un homme assassiné. Reconnu par sa famille, on l'a déposé là provisoirement, en attendant la cérémonie du lendemain. Autour de lui, des cierges éteints s'allongent dans des chandeliers en bois argenté. La lune se déplace et un grand Christ en perruque, cloué au-dessus d'un autel de style rocaille, m'apparaît comme un second cadavre planant sur le premier.

Ce funèbre spectacle, dans un tel lieu, à une telle heure, m'inspire le plus vif désir de regagner la porte ; et c'est avec une douce joie que j'emplis enfin ma poitrine de l'air pur du dehors.

En tournant l'église, je suis attiré par des bruits qui résonnent sous terre. Je m'approche et vois dans une excavation deux jambes qui bientôt suivent le reste du corps et disparaissent. Ce sont des hommes qui cherchent des ossements entassés par la guerre de l'indépendance. Leurs fouilles sont assez lucratives ; mais beaucoup de ces malheureux, surpris par un éboulement, restent dans les trous qu'ils ont péniblement creusés.

Au bord du Tage s'élèvent les voix des lavandières de nuit, qui chantent et se répondent de loin en loin, couplet par couplet.

O Tolède, cité poétique, enchanteresse, combien je regrette les charmes de ton ciel étoilé dans l'atmosphère froide et brumeuse de Paris !...

MONTAGNES DE TOLÈDE.

UN SOUPER AVEC LES BRIGANDS

Je rencontrai, sur la place Zocodover, M. X..., administrateur des plus grandes propriétés des montagnes de Tolède.

— Je connais votre goût pour les aventures extraordinaires, me dit-il ; voulez-vous en tenter une qui comptera dans votre existence ?

— J'accepte, quelle qu'elle soit.

— Tenez-vous prêt demain matin à cinq heures ; je vous enverrai par mon domestique un bon cheval de Tarbes.

— Notre voyage sera-t-il long ?

— Six ou sept lieues.

— Six ou sept lieues espagnoles ? c'est-à-dire quarante kilomètres, au moins ?

— Craignez-vous la fatigue ?

— Non, certes.

— Alors, je vous attends... Ah ! n'oubliez pas votre revolver, il vous sera peut-être utile.

Le lendemain, à cinq heures et demie, nous galopions dans la campagne. A neuf heures, nous atteignîmes les premières pentes de *los montes*. Je m'amusais à regarder un berger virgilien, appuyé sur un bâton à croc de fer, vêtu d'un pantalon et d'une veste en peau d'agneau frisée, qu'agrémentaient des boutons de métal et des rubans bleus, lorsque j'aperçus, à cinquante pas devant nous, deux hommes armés de carabines. Ces deux hommes nous attendaient. Ils échangèrent un signe et quelques paroles avec mon ami, puis se placèrent silencieusement, le fusil sur l'épaule, à côté de nos chevaux.

— Regardez-les bien, me dit X... en français ; quelle mine leur trouvez-vous ?

— Mais pas trop rassurante, dans ces lieux déserts.

— Bah ! vous êtes peu physionomiste. Ce sont de fort braves gens, incapables d'écraser une mouche quand ils ont de l'or en poche et des provisions dans leurs repaires. Ils font partie de la bande qui a dévalisé le dernier train de Séville.

J'oublie les brigands pour contempler les magnificences du paysage.

Autour de nous s'élèvent des montagnes à pic,

pelées, ravinées, sans autre végétation que de rares touffes de thym. On les gravit, et du sommet, à travers les vapeurs roses que dissout le soleil, on aperçoit au loin le Tage qui déchire, comme une lame d'argent, la plaine rousse quadrillée d'oliviers. On marche encore, et la décoration change tout à coup. Des chênes verts, épais, touffus, enguirlandés de plantes parasites, s'étendent de toutes parts. Leur feuillage éternel est un bouclier impénétrable à la lumière. Pas un rayon ne glisse à leur pied. On passe sans transition du plein jour à la nuit la plus profonde. Des torrents mugissent, s'éparpillent en écume fumante et s'engouffrent dans les ténèbres. Des loups affamés hurlent sous les broussailles. Les yeux s'ouvrent démesurément sans voir ; l'horreur de l'inconnu fait courir des frissons à la racine des cheveux. On avance toujours, et l'on escalade bientôt des roches soulevées par les feux volcaniques, prodigieux entassement de blocs énormes, dont la plupart surplombent, retenus par leur seul poids au-dessus de l'abîme. Les vipères grouillent dans le sable ; des cerfs et des sangliers fuient à toutes jambes ; des aigles et des milans planent en vol circulaire dans l'azur, et, soudain, repliant leurs ailes, tombent, avec la rapidité d'un bolide, sur quelque lièvre au gîte. Des corbeaux, dont le bec et les pattes ont l'apparence du plus fin corail, remplissent l'espace de leurs notes lugubres. Partout la nature sauvage étale des splendeurs magiques. A côté du granit brûlé par les ardeurs solaires, se dresse un mamelon couvert de neige ; entre deux sites désolés, se déroule, luxuriante, une vallée qui fait rêver aux jardins d'Armide. Le nord et le sud confondent leurs gammes, broient leurs couleurs sur la même palette. Les transformations se succèdent, toujours admirables. On se croirait à la représentation d'une féerie dont chaque tableau serait une merveille d'art.

Tandis que je concentrais mon esprit sur les perspectives et les horizons sans cesse renouvelés, nos deux guides avaient été remplacés par deux autres de même apparence patibulaire. Il était onze heures. Une maison, ou plutôt une forteresse entourée de hauts murs, se profilait entre les arbres.

— Nous sommes arrivés, me dit X... ; puis, se tournant vers les hommes, qui déjà s'éloignaient :

— A ce soir ! leur cria-t-il.

— A ce soir ! répétèrent-ils ensemble.

— Venez tous !

— C'est entendu.

Nous abandonnâmes nos chevaux aux soins de valets cagneux, et pénétrâmes dans une vaste salle bien chauffée.

— Maintenant que nous sommes seuls, me donnerez-vous quelques explications ? demandai-je à X...

— Interrogez-moi, mon ami.

— Qui composait notre escorte ?

— Les fameux bandits de nos montagnes. Ils souperont ce soir avec nous. Si je ne les traitais de la sorte, depuis longtemps ils m'auraient assassiné. Je leur rends de petits services en échange de leur protection. Vous verrez qu'ils sont aimables convives et joyeux buveurs !

Puisque nous sommes dans un pays fantasmagorique, poussons l'aiguille et passons tout de suite à la scène principale.

Autour d'une table éclairée par un *velon* à quatre becs, sont assis huit brigands ; un neuvième est posé en sentinelle. Ils étaient d'abord dix-huit ; les autres furent tués par leurs camarades parce qu'ils leur inspiraient des doutes : leurs tombes sont disséminées dans la sierra. Ceux qui restent se témoignent et méritent une confiance absolue. Leur visage est brun, tanné, hérissé de poils rudes, bossué de pommettes et de mâchoires très-saillantes, éclairé par des yeux vifs qui semblent des topazes à facettes. Le doigt du crime a pétri ces masques terribles, empreints d'une volonté de fer. L'un d'eux est aveugle : c'est celui qui connaît le mieux la montagne. Moreno, le chef, est de taille moyenne, gros sans être gras ; sa main est épaisse et courte, ses épaules dénotent une force herculéenne. C'est un des plus habiles tireurs connus : il loge une balle dans la tête d'un aigle qui plane à la plus

grande portée. Tous sont armés d'excellentes carabines Lefaucheux et vêtus de cuir. Une visière,
s'abaissant jusqu'au cou, les garantit contre les
épines lorsqu'ils rampent à travers les buissons.
Deux revolvers, un poignard et une navaja sortent à
demi de leur ceinture.

L'aspect de la chambre, ainsi peuplée, est sinistre.
Un vieux domestique, assis dans la cheminée, surveille un mouton qui rôtit avec un sifflement de
bise. Son corps maigre, cassé en deux, se découpe
vigoureusement en noir sur les lueurs rouges de
l'âtre. Chaque fois qu'une flamme jaillit, claire et
pétillante, il y a dans les angles comme un frémis-
sement de l'ombre, comme une danse de spectres
infernaux.

Les *piporos* et les bouteilles circulent à la ronde;
les vins exquis débordent de tous les verres et les
secrets de tous les cœurs. Je ne rapporterai de l'entretien que ce qui concerne les mœurs des bandits.

Ils ne tuent point sans nécessité, pas même les
gendarmes, qui, du reste, ont soin de dire très-haut
au cabaret quelles parties des monts ils reçoivent
l'ordre d'explorer. Le jour même, Moreno en est
averti.

Quand ils ont besoin de provisions et manquent
d'argent, ils demandent cent réaux, jamais davantage, à leurs protégés. Ils ont des cavernes où ils
déposent des sacs de riz et de *garbanzos* pour les

Un souper avec les brigands.

jours d'excursions. Pas un voyageur ne leur échappe. Ils creusent un petit trou dans la terre, y appliquent l'oreille et distinguent, à plus de cent mètres, le pas d'un enfant de celui d'un homme ou d'une femme, le coup de sabot d'un âne de celui d'un mulet ou d'un cheval. Quand le sol est mouillé, ils entendent mieux et de plus loin.

Ils passent où des chiens ne pourraient pénétrer, ce qui leur permet de parcourir en peu de temps des distances considérables par les voies ordinaires. Tour à tour charretiers, bûcherons, casseurs de pierres, ils emploient toutes sortes de déguisements. Parfois, deux gardes civils, chargés de veiller à la sécurité des routes, entrent prendre un verre d'eau-de-vie chez un charbonnier, qui les raille sur les propos qu'ils ont tenus dans la forêt : c'est un brigand qui les a suivis pas à pas. La montagne est la propriété de ces neuf hommes. Impossible de les atteindre. Ils peuvent facilement tenir une armée en échec.

— Nos ennemis les plus redoutables sont les loups, me dit mon voisin de droite. Lorsque la faim les chasse de leurs terriers et qu'ils vont par bandes, malheur à l'homme qu'ils rencontrent seul. L'année dernière, un de nos camarades en fut la victime. Il se défendit vaillamment, cela va sans dire, c'était un brave. Il en tua cinq, mais les autres le mangèrent. Son costume était tout déchiqueté, son corps entièrement rongé. La tête avait disparu. Au moment où nous le découvrîmes, les corbeaux nettoyaient son squelette, et, le croiriez-vous? un lièvre, tapi sous les côtes, dévorait quelques restes de chair... Ha! ha! ha! un lièvre, monsieur, un lièvre!... Sa vue désopila nos rates : un éclat de rire général fut l'oraison funèbre de notre pauvre ami!

Les bouteilles s'étaient vidées, la verve avait tari avec le vin. On se sépara.

Ce souper, que je n'oublierai de ma vie, me semble maintenant un cauchemar. Que n'eût pas donné mon cher maître Alexandre Dumas pour se trouver à ma place, en compagnie de vrais brigands!

DE TOLÈDE A MALAGA

DE TOLÈDE A MALAGA

I

EN DILIGENCE

Nous nous rendons à pied de Tolède à Aranjuez, où nous visitons le palais et ses jardins ; puis nous allons à Manzanarès par la voie ferrée d'Andalousie. Là, nous prenons une vieille diligence mal entretenue, couverte de poussière et de boue, dont les banquettes semblent rembourrées avec les cailloux du chemin. Douze mules — quinze dans les endroits difficiles — sont attelées deux à deux. Assis sur le devant de la voiture, le *mayoral* les apostrophe d'une voix éclatante : « Coronela ! Coronela ! — Beata ! ah ! la Beata ! la Beata ! — Golondrina ! Culevra ! Carbonera ! Carbonera !... » Les bêtes redressent les oreilles quand retentit leur nom, et, la tête basse, le cou tendu, redoublent d'efforts. Sur une des premières est monté le *delantero*, postillon tout jeune qui dirige la marche sous les ordres du mayoral. Ses étriers ont la forme de sabots. Emboîté dans

une selle arabe, il n'a qu'un éperon, au pied droit.
Il fait souvent des trajets considérables sans descendre, sommeillant sur sa monture lancée à fond
de train. Autrefois, il allait de Madrid à Irun. Ses
jambes sont tordues en anses de panier. Il ne chante
pas, il ne rit pas; il est grave comme un condamné
à mort. Quand il arrive, il est collé à sa selle; il faut
l'en arracher. Généralement son existence est brève.
Le *zagal* court à côté des mules, auxquelles il distribue des coups de trique épouvantables. De temps
en temps il se repose un peu sur le marche-pied,
souffle à pleins poumons et roule une cigarette,
qu'il fume ou met en réserve au fond de son *calañes*.

Les routes sont affreusement mauvaises. Des ca-
hots terribles vous cognent contre les parois de la
diligence, vous jettent dans les bras de votre voisin,
ce qui n'est pas toujours agréable, ou sur les genoux
de votre voisine, ce qui vaut quelquefois mieux. Sur
l'impériale, vous êtes d'habitude au milieu de chiens
qui flairent de trop près vos provisions de bouche.
Essayez-vous de dormir? d'aimables cauchemars
vous envoient une roche de la cime d'une montagne.
Vous vous éveillez en sursaut : c'est une malle qui
vous est tombée sur la tête!

Si les traits se brisent, on les raccommode avec
des bouts de cordes, des ceintures, des mouchoirs
déchirés, et l'on repart ventre à terre. Il faut arriver, on arrive quand même; rien n'arrête.

Le terrain est pierreux, la campagne désolée. La monotonie du voyage n'est interrompue que par les relais, de trois lieues en trois lieues espagnoles.

Nous avons heureusement de gais compagnons d'impériale : un gros horloger, d'une bêtise épanouie, qui se rend à la Havane; un picador de haute stature et un cachetero de taille exiguë, qui vont donner des courses à Séville.

Après une conversation très-animée, infiniment exagérée sur les célébrités de la tauromachie, chacun étale ses provisions : *chorizo* cru, sardines, côtelettes, artichauts frits, omelette au jambon et aux pommes de terre, larges *botas de vino*, que bouleversent l'éternelle danse des roues et les violentes oscillations de la patache détraquée.

Le repas fini, les chants commencent, hachés par les vociférations du mayoral. Prevost tire alors du fond de son sac un énorme lézard vert, grand amateur de musique. Les toreros poussent des cris de surprise et battent des mains; le raccommodeur de coucous saute en arrière et s'assied sur une corbeille d'œufs, qu'il écrase. Une belle plaque jaune orne son pantalon à l'endroit que les Anglaises trouvent *shocking*; il a l'air plus serin que jamais.

Le picador raconte des histoires de serpents fabuleux. Il affirme qu'on découvrit jadis au Pardo des reptiles d'une longueur prodigieuse : vingt-cinq pieds, au moins !

Les Andalous ne tarissent pas en gasconnades. Ils disent :

— J'ai tant ri, que je m'en suis mordu le front !

— Je vais vous appliquer un soufflet qui fera trembler la Giralda sur sa base !

Mieux encore :

— Pendant la guerre de l'indépendance, un grand diable de tambour-major français se reposait, appuyé contre la margelle d'un puits ; survint un petit Andalou qui, d'un fort coup de sabre, trancha de part en part la margelle et le tambour-major !

Nous arrivons le matin à Val-de-Peñas. Une table splendide est dressée dans le patio d'une jolie posada. Les fruits de la saison, entassés en pyramides, bordent une file de bouteilles qui répandent sur la nappe blanche des reflets de rubis. Deux jeunes filles en costume manchego : courte jupe de flanelle rouge et verte, corsage brun, foulard négligemment attaché autour du cou, cheveux enroulés sur les tempes et tressés sur la nuque en forme de peigne, nous servent de la blanquette de veau fortement assaisonnée d'ail, des poulets rôtis, secs comme du bois, et du fromage conservé dans l'huile, dur comme du marbre. Le pain est excellent, le vin exquis : du velours en bouteille. Avant la salade, tous les convives, excepté les femmes, fument une cigarette.

Nous repartons. Devant nous se déroule une plaine immense, sans bornes. Après un horizon, un autre.

Toujours la ligne droite. Vainement cherchons-nous un pied de vigne dans ce pays célèbre par ses vins. La chaleur est suffocante. Alourdis par le valdepeñas, nos compagnons s'endorment. Le soleil produit un curieux effet de mirage : on aperçoit au loin un taureau sauvage qui semble monté sur des échasses ; son corps se réfléchit dans le sable. Les pierres tremblottent sous la réverbération. Après un long parcours, quelques points bleus apparaissent. L'horloger se réveille et me demande l'heure.

— N'avez-vous pas de montre ? lui dis-je étonné.

Il tire de sa poche une vaste bassinoire et me répond qu'elle est « folle » ; puis il frappe sur le ventre du *picador*, qui ronfle comme un poêle.

— Qu'est-ce que c'est que ça ? s'écrie le dormeur.

— *Hombre*, fais-nous voir ta montre.

— Elle est à Séville.

— Pas de chance.

Le *cachetero* se réveille à son tour et, en véritable Andalou que rien n'embarrasse, nous certifie qu'il est trois heures vingt-cinq minutes.

La route s'accidente près des gorges de Despeñaperros. Des caravanes se rangent sur notre passage. Nous pénétrons dans un sombre défilé. Des aigles planent au-dessus des monts. Les *toreros* nous énumèrent les crimes commis en ces lieux déserts. Çà et là des croix de pierre indiquent des tombes d'hommes assassinés. Le raccommodeur de coucous

Séville, paroles qui signifient dans sa bouche : le premier de l'Espagne et du monde. Il prétend trouver des poils qui ont échappé à tous ses collègues. Il vous attache fortement la serviette derrière le cou, vous ratisse durant une demi-heure, puis, l'opération terminée, vous met le plat sous le menton et promène avec amour sa grande patte pleine d'eau sur votre figure et votre crâne.

— Vous êtes si beau, s'écrie-t-il ensuite, qu'il n'est pas dans Séville une seule femme qui ne vous fasse la cour !·

Quand il nous eut rasés de toutes façons, il ferma sa boutique et vint à la taverne boire avec nous des *cañitas*, petits verres sans pied, très-hauts, servis dans une espèce d'huilier. On en apporte une vingtaine pour quatre personnes.

Les tavernes ont des divisions. Chaque table est dans une stalle ; les consommateurs de l'une ne voient pas ceux des autres. Les chaises, peintes en vert, ne sont pas rembourrées. Une douzaine d'Andalous causent de politique, assis autour d'un verre d'eau.

Les cañitas vidées, nous nous rendons aux courses.

La *plaza de Toros* de Séville forme un vaste polygone dont une partie, abattue par un ouragan, n'a jamais été restaurée. A travers la brèche, les spectateurs aperçoivent la Giralda rose et les maisons blanches, gris perle, jaune pâle, sans toit, qui se détachent sur un ciel bleu intense.

Les courses, très-brillantes, sont troublées par un douloureux accident. Le frère de Cucharès, après un coup d'épée fort applaudi, croit le taureau hors de combat. Il s'approche pour l'achever ; mais l'animal se relève furieux et lui transperce la cuisse.

III

SUR LE GUADALQUIVIR

Nous reviendrons contempler à notre aise les curiosités de Séville ; aujourd'hui nous suivrons à Puerto de Santa-Maria nos bons amis les toreros.

Devant la porte de leur auberge attend une *calesina*, cabriolet primitif à capote rabattue. Un perroquet vert est peint à l'extérieur dans une guirlande de roses sur fond bleu. A l'intérieur apparaissent les glaives des espadas, entortillés dans des rubans de fil. Entre les brancards rouges hennit un cheval caparaçonné de laine. Le calesero, type qui tend à disparaître avec celui des manolos et des manolas, mérite une courte description. C'est un homme sec, osseux, au visage couleur d'amande rôtie. Sur ses tempes, deux énormes accroche-cœurs sont plaqués en oreilles de chien. Sa barbe est taillée en couenne de lard. Le blanc de son œil paraît jaune sous les sourcils épais, unis par une forte taroupe. Son costume est pittoresque : bottes plissées, retroussées en babouches chinoises; pantalon de velours en entonnoir; ceinture furieusement serrée sur le ventre; chemise à jabot mal ajustée sous la veste qui bâille; pièces en cuir aux coudes, pareilles à des coins de cabas; galons de différentes couleurs sur les manches; calañes amolli, déformé, passé du noir à l'aile de hanneton. Assis sur une borne, une feuille de papier entre les lèvres, il écrase dans la paume de sa main une grosse pincée de tabac. A l'un de ses doigts brille une pierre fausse du rouge le plus éclatant.

Lagartijo, devenu célèbre, monte avec son *capeador* dans la *calesina,* tandis que nous prenons, en compagnie de Pepete, second *espada,* du *picador,* du *cachetero,* de l'horloger et du barbier, le bateau à vapeur qui fait le trajet de Séville à Cadix.

Le temps est superbe, les bords du Guadalquivir sont ravissants. Nous remarquons un nouvel effet de mirage très-singulier : la terre prend les tons bleus du ciel; les sinuosités du fleuve disparaissent dans l'azur; des collines verdoyantes pointent en îlots; on se croirait en pleine mer.

La verve du barbier ne tarit pas. Il est allé partout, il connaît tout, jusqu'aux noms des petits voiliers qui nous croisent et filent comme des hirondelles. Ce gros bonhomme est une encyclopédie vivante.

Nous arrivons à la barre. Un mouvement de tangage se produit ; les visages s'attristent, les conversations languissent, les hoquets commencent. Le barbier, qui s'apprêtait à raser tout le monde, rentre sa langue et son rasoir ; l'horloger se frictionne l'estomac ; on ne voit plus du picador que sa tresse de cheveux ; chacun ouvre la bouche au-dessus de l'onde écumante. L'Océan est d'un bleu obscur. Au loin se dessine une ligne blanche, accidentée, d'où s'enlèvent quelques palmiers sur un ciel sans nuage. — C'est Cadix.

IV

CADIX

Le port est magnifique. La première chose qui nous saute aux yeux, en débarquant à la place de la Bourse, est la multitude des nègres cireurs de bottes, affublés d'un chapeau de haute forme tout bossué, d'un habit troué comme une écumoire et d'un pantalon trop long ou trop court, dont le fond tombe habituellement sur les mollets.

La calle Ancha nous conduit à une place dallée qu'éclairent mystérieusement des candélabres coiffés de globes en verre dépoli. De la *plaza de la Liber-*

tad, que bordent les principaux édifices de la ville, des rues très-propres, très-coquettes, rayonnent vers l'Alameda de Apocada, délicieux jardin-promenade où se réunit tous les soirs le beau monde gaditan. Les femmes, vives et gracieuses, adorablement belles, parées de mantilles légères et de fleurs odorantes, les épaules et les bras nus, causent en jouant de l'éventail. Leurs toilettes splendides se détachent sur la mer bleue avec une variété de tons qui eût séduit Rubens. De nombreux capellanes traversent les groupes en fumant. L'évêque vient quelquefois en costume : robe violette et chapeau de soie vert à glands d'or. Les femmes accourent au-devant de lui, se signent et lui baisent la main.

Nous nous promenions avec le barbier, l'horloger, le picador et le cachetero, lorsque retentit la cloche du vapeur qui devait nous transporter à Puerto de Santa-Maria.

— Le signal du départ ! s'écrie l'horloger. Pour Dieu ! dépêchons-nous !...

Nous hâtons le pas. L'horloger et le barbier courent parmi la foule, froissant les robes et meurtrissant les pieds. Soudain, le raccommodeur de coucous glisse sur une écorce d'orange et tombe entre les jambes d'un capellan, lequel perd l'équilibre et va s'asseoir sur les genoux d'une dame. Le scandale est énorme. La population nous poursuit de ses clameurs furieuses.

Enfin nous arrivons à temps. Sur le bateau, nous lions connaissance avec le fameux espada Dominguez, un grand gaillard robuste dont un œil a jailli naguère de l'orbite sous la corne d'un taureau. Malgré sa blessure, il va combattre dans les arènes les plus renommées de l'Espagne.

La traversée de Cadix à Puerto de Santa-Maria s'effectue en vingt minutes.

V

LA POSADA DE LA ESPADA

Puerto de Santa-Maria est une charmante ville composée de maisons blanches, carrées, la plupart sans toit, presque toutes à un seul étage, avec des miradores et des balcons peints en vert, couleur qu'affectionnent les Andalous pour leur ameublement. Plusieurs patios sont pavés avec des cailloux de nuances diverses qui forment des dessins. Celui de la posada de la Espada, où nous sommes descendus, est bordé de pilastres sur lesquels reposent des pots de terre rouge garnis de fleurs. Une treille court le long de barres de fer fixées à la colonnade. Au fond est une écurie pour les chevaux des picadores. Dans une vaste salle, une dizaine de lits sont disposés comme dans un hôpital. Tous les artistes de la cua-

ad, que bordent les principaux édifices de la ville,
es rues très-propres, très-coquettes, rayonnent vers
'Alameda de Apocada, délicieux jardin – promenade
ù se réunit tous les soirs le beau monde gaditan.
Les femmes, vives et gracieuses, adorablement
belles, parées de mantilles légères et de fleurs odorantes, les épaules et les bras nus, causent en jouant
de l'éventail. Leurs toilettes splendides se détachent
sur la mer bleue avec une variété de tons qui eût
séduit Rubens. De nombreux capellanes traversent
les groupes en fumant. L'évêque vient quelquefois
en costume : robe violette et chapeau de soie vert
à glands d'or. Les femmes accourent au-devant de
lui, se signent et lui baisent la main.

Nous nous promenions avec le barbier, l'horloger,
le picador et le cachetero, lorsque retentit la cloche
du vapeur qui devait nous transporter à Puerto de
Santa-Maria.

— Le signal du départ ! s'écrie l'horloger. Pour
Dieu ! dépêchons-nous !...

Nous hâtons le pas. L'horloger et le barbier courent parmi la foule, froissant les robes et meurtrissant les pieds. Soudain, le raccommodeur de coucous glisse sur une écorce d'orange et tombe entre
les jambes d'un capellan, lequel perd l'équilibre et
va s'asseoir sur les genoux d'une dame. Le scandale
est énorme. La population nous poursuit de ses clameurs furieuses.

Enfin nous arrivons à temps. Sur le bateau, nous lions connaissance avec le fameux espada Dominguez, un grand gaillard robuste dont un œil a jailli naguère de l'orbite sous la corne d'un taureau. Malgré sa blessure, il va combattre dans les arènes les plus renommées de l'Espagne.

La traversée de Cadix à Puerto de Santa-Maria s'effectue en vingt minutes.

V

LA POSADA DE LA ESPADA

Puerto de Santa-Maria est une charmante ville composée de maisons blanches, carrées, la plupart sans toit, presque toutes à un seul étage, avec des miradores et des balcons peints en vert, couleur qu'affectionnent les Andalous pour leur ameublement. Plusieurs patios sont pavés avec des cailloux de nuances diverses qui forment des dessins. Celui de la posada de la Espada, où nous sommes descendus, est bordé de pilastres sur lesquels reposent des pots de terre rouge garnis de fleurs. Une treille court le long de barres de fer fixées à la colonnade. Au fond est une écurie pour les chevaux des picadores. Dans une vaste salle, une dizaine de lits sont disposés comme dans un hôpital. Tous les artistes de la cua-

drilla : banderilleros, chulos, cacheteros, espadas,
sont arrivés avec leurs paquets et leurs valises, les uns
en blouse soutachée, les autres en veste, ceux-là ceints
de crêpe de Chine, ceux-ci de laine ou de soie, tous
admirablement chaussés, vêtus d'un pantalon très-
collant, qui dessine les muscles, et couverts de bijoux : bagues, chaînes de montre, breloques d'une
grosseur extravagante. Quelques vieux toreadores
portent de larges favoris peignés avec un soin exces-
sif, souvent frisés. Leur costume, plus sévère, est noir
ou violet foncé. Certains ont des boucles d'oreilles.

Après un repas composé surtout des poissons
exquis du Guadalete copieusement arrosés de man-
zanilla, chacun se dispose à faire la sieste, lorsque le
barbier s'écrie :

— Qu'on me donne un costume, je montrerai
les passes de cape de Chiclanero et les audaces de
Lavi !

L'idée est trouvée excellente. On déballe un costume de capeador, et c'est avec beaucoup de peine,
en tirant à deux de chaque côté sur les basques,
qu'on parvient à lui mettre la veste. Le gilet est
trop court, la culotte trop étroite, n'importe ; le ra-
seur se campe majestueusement, le ventre à l'air,
prend des airs inspirés et gesticule de la façon la plus
ridicule.

Pendant cette scène, le raccommodeur de coucous,
presque aussi gros que le barbier, mais de taille

infiniment plus exiguë, s'est accoutré d'un costume de picador beaucoup trop grand pour lui. Le chapeau lui tombe constamment sur le bout du nez, malgré ses efforts pour le ramener en arrière. Le matelas, qui se place sur le ventre, lui couvre la poitrine. La veste, qui doit s'arrêter au milieu du dos, lui descend plus bas que la chute des reins. La culotte de peau pourrait contenir trois de ses jambes grêles. Il est emboîté dans les cuissards comme le petit Poucet dans les bottes de sept lieues. Il entre, la pique au poing, et bondit dans le vide. Ses cuissards rendent des sons de ferraille assourdissants. Une sorte de fièvre s'est emparée de lui; il veut frapper quelqu'un ou quelque chose ; il est décidé à tout. Pour satisfaire son envie, Pepete va décrocher l'enseigne de la posada, représentant une tête de taureau peinte en bleu de ciel, avec des yeux, une langue et de longues cornes d'un rouge vif. Il s'en affuble et se pose brusquement devant le picador improvisé. Le raccommodeur de coucous s'élance, la pique droite ; mais un vigoureux coup de front dans le bas des jambes l'envoie rouler au fond de la salle avec l'émule de Lavi.

Des éclats de rire homériques retentissent. Tous se tordent en voyant ces deux êtres obèses qui s'agitent, empêtrés dans leurs habits comme des mouches dans un plat de crème.

Deux heures sonnent. Les toreros se regardent,

leurs visages deviennent sérieux. A cette scène
de mouvement et de gaieté succède un silence de
mort.

— Maintenant, messieurs, c'est assez rire, dit
Pepete; il faut se préparer.

Pepete était un joyeux compagnon; mais il ne
plaisantait jamais au moment des courses. Il sem-
blait pressentir sa triste fin : il fut tué d'un coup de
corne en pleine poitrine sur la place de Madrid.

Bientôt chacun est prêt. Des grelots retentissent
au dehors : c'est la calesina qui apporte les épées.
On essaye leur résistance, on les fait plier sous
la chaussure. Tout est bien; on se dirige vers les
arènes, les espadas en tête, les picadores derrière,
sur leurs chevaux. Des gens accourent de toutes
parts pour admirer l'éclat des costumes, les paillettes
qui scintillent. Des cris, des hurrahs frénétiques
ébranlent l'air. Le barbier pleure de joie, et le raccommodeur de coucous regrette de ne pas s'appeler
Dominguez, eût-il les deux yeux crevés !

La place est construite en bois. Une foule innombrable, comme une mer de têtes, se meut sur les
gradins et produit des oscillations multicolores sous
le soleil intense. Les hommes applaudissent, sifflent,
hurlent; les femmes suffoquent, s'évanouissent;
c'est un brouhaha épouvantable. Huit taureaux noirs,
d'une race extrêmement sauvage, tombent sous le
glaive des *matadores*. Dominguez est superbe de

sang-froid. Enlevé par un coup de tête, Pepete fait deux tours dans l'espace sans être blessé. En somme, bonnes courses pour le public et pour la *cuadrilla*.

VI

CHEZ DOÑA PENDENDO

Le soir, Dominguez nous invite à passer la veillée chez l'ancienne maîtresse d'un toréador tué sur la place de Santa-Maria.

Doña Pendendo est une énorme femme qui touche à la trentaine. Ses sourcils sont épais, noir-bleu. Son œil est grand, bordé de velours, légèrement allongé par un coup de pinceau. Sa gorge, très-proéminente, est d'une blancheur mate. Ses gros bras nus, pleins de fossettes, se terminent par des mains toutes petites, couvertes de bagues. Des moustaches noires s'estompent vigoureusement sous un nez d'une finesse remarquable. Ses dents, qui pointent entre les lèvres d'un rouge humide, sont éblouissantes. Comme toutes les Andalouses, elle est d'une coquetterie sans exemple. D'immenses boucles d'oreilles criblées d'émeraudes tombent sur ses épaules ; un collier de corail à quatre rangs entoure son cou dodu ; un petit peigne de métal, surmonté de perles, est planté sur le côté de sa chevelure abondante, relevée à la chinoise, avec de doubles accroche-cœurs sur les tempes. Un fichu couleur bouton d'or ajoute à l'encadrement du visage et fait ressortir le fard des joues. Une robe en soie gorge de pigeon, à trois volants, tombe avec ampleur sur des pieds incroyablement petits. Doña Pendendo fume comme un homme et, selon une expression andalouse qu'il est difficile de traduire, *tiene mucha sal.*

Les murs de sa chambre disparaissent sous des devises données par les toreros. Dans une niche est une madone splendidement costumée.

— J'ai parlé de ta belle voix à ces messieurs, dit Dominguez ; chante-nous quelque chose.

Elle décroche une guitare et gazouille comme une fauvette des airs d'une poésie aussi suave qu'étrange : les incomparables *flamencos.*

— Et Pepita ? demande le picador, ne la verrons-nous point ?

Doña Pendendo l'envoie chercher par sa servante. Elle arrive, tandis que nous prenons des *azucarillos ;* tout le monde se lève.

C'est une jeune fille svelte, délicieusement jolie, — une de ces figures éthérées qu'a si bien peintes Murillo. Un bouquet de jasmin est piqué dans ses cheveux blonds, naturellement ondulés, retenus derrière la tête par une grosse *moña* de rubans. Un foulard rose tendre, à longues franges, fixé sur les épaules, laisse voir un bras de forme élégante,

Page 85.

Chez doña Pendendo.

mince encore. Le regard est noyé, la bouche petite
et charnue, l'oreille fine, le nez exquis de contours.
Les dents sont imperceptibles. Le front pur sépare
les joues rosées par des gris délicats sur les tempes.
Le pied est un peu long, mais d'une cambrure merveilleuse. Une certaine morbidesse dans les chairs
indique un tempérament nerveux, maladif. La robe
est blanche, sans ornements, légère comme un
nuage.

— Pepita ! crie-t-on de toutes parts.

Immédiatement la table est tirée au milieu de la
salle. On allume des lampes de chaque côté de la
madone pour qu'elle prenne part à la fête. Un voisin, qui excelle sur la guitare, a les honneurs de
l'accompagnement. Dominguez fredonne un air de
zapateado. Toutes les mains s'apprêtent à suivre le
rhythme. Les physionomies s'animent, de larges
rires coupent les visages. Le prélude commence.
D'un bond Pepita s'élance sur la table. On entend le
craquement de ses bottines. Tout son corps se meut ;
ce n'est pas une femme qui danse, c'est une vierge.
Peu à peu un mouvement de hanches se développe,
les pieds s'agitent convulsivement, le corps ondule
et prend des lignes qui rappellent les statues de
l'antiquité. Les bras restent calmes. Plus la jeune
fille danse, plus les spectateurs se passionnent. Les
mouvements deviennent frénétiques, l'enthousiasme
est à son comble. La chevelure de Pepita se dé-

roule, un jasmin blanc s'en échappe, le picador le saisit.

Un grand jeune homme pâle, assis dans le coin le plus obscur de la chambre, n'avait jusque-là prononcé que quelques mots inintelligibles, le regard ardemment fixé sur la danseuse. On l'eût pu croire sculpté dans la muraille. Lorsqu'il vit le picador s'emparer du jasmin, il grinça des dents et s'approcha de lui.

— Cette fleur m'appartient, dit-il brutalement à voix basse.

— De quel droit ? répondit le picador stupéfait.

— Viens dehors, je saurai te la prendre.

Ils sortirent, la main crispée sur la navaja.

Doña Pendendo prévit un malheur. Ses yeux brillaient d'un éclat sinistre. Elle gesticulait, joignait les mains devant la madone, invoquait tous les saints du paradis en faisant des croix sur son visage et sa poitrine. Rien de plus bizarre que l'aspect de cette femme terriblement inquiète, qui venait de planter dans son chignon une sorte de peigne formé par des cigares. Elle se précipita vers la porte ; nous la suivîmes. Un drame venait de s'accomplir : le malheureux jeune homme gisait sur le sol, la poitrine ensanglantée. Râlant, il prononçait le nom de Pepita. Le picador avait disparu. Doña Pendendo se chargea du blessé, qui, pendant sa convalescence, parla de son amour en termes si vifs à la fière danseuse, qu'elle se laissa convaincre.

Plus tard, attribuant son bonheur à sa blessure, l'époux de Pepita fut l'un des meilleurs amis du picador.

VII

SÉVILLE

Nous reprenons à cheval le chemin de Séville. La campagne présente une ligne d'horizon sans fin. Les cactus qui bordent les routes ressemblent à des artichauts gigantesques.

Près des villages, nous remarquons des plates-formes parsemées d'épis d'or, sur lesquelles des paysans en bras de chemise et en culotte de toile blanche, qui laisse à découvert deux jambes brunes et nerveuses comme celles d'un nègre, font courir en cercle une dizaine de chevaux libres. Ailleurs, les chevaux sont attelés à une planche qu'ils promènent sur l'aire. Les Andalous battent ainsi le blé, sans fléaux.

Pas un incident ne rompt la monotonie de notre voyage. L'horloger et le barbier ne se chargent point la conscience de nouvelles prouesses.

Nous voici donc revenus à Séville, cité charmante bâtie par Hercule dans une atmosphère embaumée.

Notre première visite est pour la cathédrale, dont les merveilles sont incomparables. Vouloir les énumérer en quelques lignes serait une folie. D'autres avant nous ont essayé sans réussir. Il faudrait une vie d'homme et plusieurs volumes pour décrire toutes les richesses accumulées dans cette vaste enceinte.

L'aspect général de la basilique est sombre. La simplicité de son architecture ajoute à sa grandeur.

Deux orgues immenses attirent tout d'abord nos regards. Elles sont en bois sculpté, de l'école de Churriguerra. La composition en est très-hardie. Des cariatides supportent les tribunes, fouillées dans les moindres détails. D'énormes tuyaux en métal ciselé de diverses couleurs, s'avancent horizontalement dans l'espace. Des anges paraissent se détacher et voler au-dessus du chœur, les ailes déployées en éventail. Des draperies de bois produisent de grands mouvements. L'ensemble est lourd, mais d'un effet splendide.

Deux bedeaux, vêtus en laquais de l'époque de Philippe IV : culotte sombre, bas violets, souliers jaunes, pourpoint et large col, nous introduisent dans la sacristie et nous signalent une toile de Goya représentant les deux patronnes de Séville. Santa Rufina et santa Justa tiennent la Giralda d'une main et de l'autre la palme du martyre. Un lion lèche les pieds de l'une d'elles, un pied mignon comme savait

les peindre le fougueux artiste. Au dernier plan se
découpe la silhouette de la cathédrale. Les têtes,
simples d'exécution, sont admirables. Pâles, brunes,
elles personnifient exactement le type espagnol,
mais conviendraient mieux à des grisettes qu'à des
saintes. Près de la porte est un chandelier triangulaire, le *Tenebrario*, très-ouvragé, très-finement
ciselé.

Parmi beaucoup de tableaux d'un réel mérite, je
ne citerai que l'immortel chef-d'œuvre de Murillo :
le *Saint-Antoine de Padoue*, qu'on voit dans la
chapelle du baptistère. Le saint, très-beau de style,
en extase dans sa cellule, reçoit l'enfant Jésus sur sa
main. Sa tête a ce puissant caractère d'ascétisme
qu'on ne trouve que chez les maîtres espagnols.
Les anges, noyés dans la pénombre, d'une grande
vigueur sans noirs, font rayonner le centre de la
composition. Le coloris brillant, la fraîcheur de
tons, la pureté de dessin, la suavité de contours de
cette toile vraiment divine, la placent au-dessus des
meilleures de l'illustre peintre sévillan.

Nous montons par une rampe douce, pavée en
brique, au sommet de la Giralda, magnifique tour
érigée, il y a dix-huit siècles, par l'Arabe Huever.
Une statue colossale la couronne et tourne à tous
vents, comme une girouette. De la plate-forme, nous
sommes témoins d'une scène bizarre. Un jeune
aveugle sonne la cloche, puis, quand il l'a lancée

à toute volée, s'y cramponne et fait avec elle le tour complet dans le vide, au risque de plonger dans l'effroyable abîme ouvert sous lui. Les hardiesses de Quasimodo ne valaient point celle-là.

Un panorama ravissant se déroule autour de nous. A nos pieds sont les murailles de l'Alcazar, du style mauresque le plus pur, et la cour de l'ancienne mosquée, où des femmes viennent puiser de l'eau, parmi les plantes exotiques, à la fontaine des ablutions. Entre le Guadalquivir et la plaine mouchetée de petites maisons blanches, Séville déploie ses rues tortueuses, ses places, ses carrefours, ses couvents, ses clochers, ses tourelles, ses colonnades, ses arcs, ses habitations de toutes nuances, ses courtines de toutes couleurs, ses patios dallés en marbre, protégés par une toile contre les ardeurs solaires, éclairés la nuit par des lanternes et des candélabres, ornés de meubles élégants, de jardins, de volières, de galeries vitrées, de jets d'eau, de vases de Triana garnis de fleurs ; jolies cours où se donnent des concerts et des bals, où les femmes et les oiseaux babillent du matin au soir dans un air plein de fraîcheur et de parfums. Çà et là, des palmiers dressent leur tête chevelue dans le ciel bleu ; des acacias, des orangers, des lauriers-roses, des platanes, des cyprès ombragent les promenades inondées de lumière. Le coup d'œil est magique.

Après la cathédrale, nous visitons le Musée. J'y

note un Zurbaran célèbre : *le Repas des moines,* et dix Murillo de beaucoup supérieurs à ceux de Madrid. Traités avec délicatesse et fermeté, ils sont de la meilleure manière du maître, de l'époque des *Medios puntos* et de *Sainte Élisabeth soignant les teigneux.*

La chapelle de *la Caridad* possède deux toiles précieuses de ce peintre fécond. L'une, *Moïse frappant le rocher,* vaut presque le *Saint François de Padoue.* Composée en longueur, elle a le ton harmonieux, argenté, de l'école de Séville. Le groupe de femmes et d'enfants qui tiennent des cruches, est d'un style plus espagnol qu'arabe.

Terminons par l'analyse du fameux tableau de Valdès Leal, placé sous la tribune de l'orgue, au pied de la chapelle.

Un archevêque mort est couché dans un cercueil vermoulu, capitonné de velours. A l'un des doigts de la main gantée brille une énorme bague. La tête verdâtre, noire et bleutée dans quelques parties, est en complète putréfaction sous la mitre blanche, entourée de perles. Des larves gluantes grouillent dans le nez rongé ; une bête immonde sort de l'un des yeux. — A côté de l'archevêque, dans un autre cercueil, un roi, le front ceint de la couronne, est allongé sous un fourmillement de vers. Le poing crispé serre le sceptre sur la poitrine. Au-dessus, à travers un nuage, apparaît une main qui tient une balance, et dans un rayon lumineux flamboie cette vérité philosophique : « Ici-bas, rien n'est vrai. » Le ton général de cette œuvre terrible est gris sombre, rehaussé par les notes violentes des accessoires : le violet du gant, l'or et les pierreries de la couronne et de la mitre. Le coloris est d'un réalisme saisissant ; il a l'aspect de la pourriture.

VIII

LA GUITARE BRISÉE

Je suis sûr qu'à Séville tout le monde se rappelle la touchante histoire que je vais raconter.

Près de la cathédrale, dans l'une des vieilles maisons qu'ombrage la Giralda, vivait avec sa mère une jeune fille d'une beauté rare, vive et passionnée comme toutes les Andalouses, mais, plus que pas une, gracieuse et séduisante.

Un jeune homme en était follement épris. Presque chaque nuit il allait sous sa fenêtre jouer de la guitare et chanter, d'une voix émue, des improvisations où passait tout son cœur. Les cordes vibraient, sonores, dans le silence de la rue ; les paroles montaient, caressantes, vers le balcon en vieux fer tourmenté ; notes et syllabes, ardents baisers d'une âme en délire, résonnaient aux oreilles de la brune Sévillane et faisaient épanouir ses lèvres de feu. Doucement elle ouvrait sa jalousie, et plus doucement encore répondait avec tendresse à ces purs témoignages d'une fervente adoration. Ils s'entretenaient durant de longues heures, à l'instar des galants des comédies de Calderon, — coutume d'un charme exquis, qu'on retrouve dans tous les villages sous cette dénomination populaire : *hablar à la reja,* — « parler à la grille. »

Chaque sérénade était une explosion d'amour. Fréquemment elles se renouvelaient depuis plusieurs semaines.

Un soir, la jalousie resta close. Inquiet, le jeune homme bondit, s'accroche aux barreaux, plonge un regard dans la chambre : — elle est sombre et déserte... Anxieux, il frappe, appelle d'une voix étranglée : — personne ne répond à son cri...

Qu'est-il donc arrivé?... La bien-aimée de ses rêves a-t-elle changé de demeure ? a-t-elle disparu pour toujours ?... Ne verra-t-il plus, dans un rayon de lumière, cette figure divine qui se penchait vers lui, souriante, et, de sa main mignonne, du bout de ses doigts effilés, lui envoyait le bonheur et l'extase ?...

Un horrible pressentiment le torture, la fièvre l'agite, ses dents claquent, ses os tressaillent...

Un prêtre passe, il l'interroge.

— Au nom de Dieu, répondez, expliquez-moi

cette absence... Elle était toujours là quand je venais... Elle se montrait aux premiers sons de ma guitare... Par ses attentions délicates, elle encourageait l'expansion de mes sentiments... Et ce soir... ce soir, hélas !...

Le prêtre lui prend les deux mains et le regarde, attendri.

— Vous l'aimiez, pauvre enfant ?

— Je l'adore !

— Eh bien ! pleurez... je l'ai enterrée ce matin !

— Morte !... Oh !... morte, elle par qui seule je vivais !...

Le malheureux jeune homme s'affaisse sur une borne et s'arrache les cheveux, haletant, éperdu.

— Morte !... morte !... répète-t-il, l'œil sombre, le visage affreusement contracté.

Tout à coup, il se lève et marche — ou plutôt se traîne vers une madone placée dans une niche, à l'angle de la rue.

— O bonne Vierge ! s'écrie-t-il, ne soyez point jalouse si je l'aimais autant que je vous aime. Elle avait votre beauté céleste ; mon amour était un culte... Maintenant qu'elle n'est plus, que son âme est confondue avec la vôtre dans le sein de l'Être suprême, permettez-moi de vous donner la sérénade que je lui destinais...

Il préluda sur sa guitare, et, pendant une heure,

La guitare brisée.

les genoux sur le pavé, il exhala son désespoir dans une émouvante et naïve improvisation.

Ce fut un long sanglot.

Quand il eut fini, il brisa son instrument et, les poings serrés sur le cœur, disparut dans l'ombre à pas précipités.

Le lendemain, son cadavre flottait sur les eaux du Guadalquivir !

IX

LA MACHINE INFERNALE

Dans un café de la calle de las Sierpes, nous faisons la connaissance d'un photographe venu depuis une quinzaine de jours de Madrid. Entre artistes et gens de lettres, les relations se nouent vite, surtout à l'étranger. Le soir même, le photographe nous propose un voyage à Cordoue. Il met des chevaux à notre disposition, et justement, nous dit-il, les ingénieurs inaugurent le lendemain un tronçon de chemin de fer terminé jusqu'à Lora del Rio ; ils nous emmèneront avec eux.

L'offre est si gracieuse, qu'il nous est impossible de la décliner.

La locomotive est encore à peu près inconnue en Andalousie. Une foule considérable assiste à notre départ et se presse autour du train. Le mécanicien lâche des bouffées de vapeur sur les curieux, qui se sauvent en se signant. Un berger, qui croit à quelque sortilége infernal, prend une image sainte, va s'agenouiller sur la voie et veut arrêter le monstre. A toute minute le mécanicien est obligé de ralentir pour ne pas écraser les gens. Des taureaux fuient à notre approche. Des bandes d'ânes, que conduisent des arrieros, bondissent, affolés, et nous lancent de loin de comiques ruades. Lorsqu'un voyageur laisse tomber son mouchoir, sa canne ou sa coiffure, on rétrograde pour aller à leur recherche. Tout se passe en famille.

La ligne longe le Guadalquivir, qui serpente entre des rives plates. De chaque côté, des champs d'oliviers d'un superbe gris-vert s'étendent à perte de vue sur un terrain presque toujours sablonneux. De petites forteresses en ruine ressemblent à des châteaux de liége. Des aigles apprivoisés purgent les exploitations agricoles des insectes rongeurs.

Nous atteignons Lora sans accident.

X

L'ÉGLISE-FANTOME

Le barbier de Séville nous avait remis, à Prevost et à moi, une lettre de recommandation pour l'alcade de cette bourgade. A la suite d'une conversation sur les curiosités de la province, le brave fonctionnaire nous parla d'une vieille église abandonnée dans laquelle personne n'avait pénétré depuis plus d'un demi-siècle. Fort aise de profiter de notre présence pour savoir dans quel état se trouvait l'intérieur, il nous donna une clef toute rouillée, qui pesait au moins trois livres, et nous montâmes aussitôt à cheval.

Après une course d'une heure à travers champs, sous un soleil torride, nous arrivons devant un petit édifice de la plus piteuse apparence. Les ouvertures en sont éraillées comme les yeux d'une vieille fille. Les murs, atteints d'une colique de pierres, se tiennent debout par je ne sais quel prodige d'équilibre, en s'appuyant les uns contre les autres. La porte est vermoulue, lézardée de part en part. Pour l'ouvrir, nous introduisons une canne dans l'anneau de la clef. La serrure grince, les gonds gémissent... Nous nous trouvons en face d'une toile d'araignée immense, d'une épaisseur de plusieurs centimètres, qui nous barre le passage. Nous déchirons le voile avec des branches d'olivier et nous entrons enfin dans une nef humide, froide, obscure. Des insectes ignobles se promènent sur le terrain crevassé. La poussière a dépoli les restes des vitraux. A toutes les fenêtres, les toiles d'araignée interceptent le jour. Peu à peu notre rétine s'accoutume à l'ombre. A droite est un autel ; sur l'autel, une vieille chape semée de verroterie. La tête en bois, fendue, criblée de piqûres, est surmontée d'un large soleil de cuivre. Les yeux sont dévorés, le nez est rongé. Au-dessus, la voûte, d'où se sont détachées quelques pierres, laisse voir un coin de ciel bleu. La pluie, en tombant par ce trou sur le soleil de cuivre, a dessiné sur le visage de la vierge des larmes de vert-de-gris. On dirait un cadavre en putréfaction. Prevost donne un coup de canne dans la chape : aussitôt une fourmilière d'animaux indescriptibles, gluants, immondes, se sauvent de tous côtés, si bien que, ne sachant où nous mettre, nous nous éloignons de la statue.

Nous essayons d'ouvrir une porte basse fermée à double tour ; mais, complétement pourrie, elle s'émiette sous notre effort. Une bête noire, que nous ne pouvons définir, bondit et plonge dans une large fissure.

Une seconde porte, de style ogival, nous conduit derrière le maître-autel, dans la sacristie. L'humidité, la mousse ont tracé des formes bizarres sur les murs affreusement lézardés. Le sol disparaît sous un amoncellement de vieux encensoirs, de patènes oxydées, de livres de plain-chant grignotés par les rats, de pupitres vermoulus, de défroques puantes. Un nouveau coup de canne met en fuite une légion de salamandres. Dans un angle, un saint-Jean, peinture médiocre, a été décapité par les dents voraces.

Chassés par la mauvaise odeur, nous montons un escalier dont les marches craquent sous nos pas.

Après une pénible ascension de deux étages, nous suivons le toit plat jusqu'au trou de la voûte. Une grêle de pierres qui se détachent du bord nous force à reculer vivement.

Nous arrivons à la cloche, que tamponne l'inévitable toile d'araignée. Nous voulons la sonner, la corde nous reste dans les mains. D'un coup de pied nous l'ébranlons; il s'en échappe une note plaintive et des bêtes velues.

Nous redescendons. Au lieu de sortir par où nous sommes entrés, nous enfonçons une troisième porte au-dessus de laquelle est écrit : *Campo santo*.

Nous voilà dans un petit cimetière. Au centre s'élève un poirier chargé de fruits mûrs. Le plâtre qui fermait les niches est tombé; on aperçoit comme une bibliothèque de crânes en raccourci. Sur chaque boîte osseuse un peu de terre végétale a fait pousser des chevelures d'herbe. L'aspect est saisissant.

Tandis que nous contemplons ce bizarre spectacle, une main lourde se pose sur mon épaule. Je me retourne brusquement : c'est le domestique de l'alcade qui a sauté par-dessus le mur et nous offre des poires entassées au fond de son chapeau graisseux.

— Ah ! ah ! s'écrie-t-il en mangeant avec un appétit féroce, vous regardez ces misérables squelettes ?

Quelques-uns ont été de jolis hommes et d'adorables femmes. Tenez, cette tête que vous voyez là-bas, en perruque verte, est celle d'une jeune fille qui faisait battre tous les cœurs de la contrée. Elle était si charmante sous la mantille, avec ses grands yeux, sa bouche rieuse et ses longs cheveux noirs qui débordaient sous le peigne!... Elle dansait à ravir. Agile comme l'oiseau, flexible comme l'almée, elle tournoyait pendant des heures sans se lasser!... O la divine créature!...

Depuis quelques secondes, des miasmes fétides saturent l'air. L'Andalou, qui n'en est pas incommodé, continue :

— Cet autre crâne, saupoudré de chaux, est celui d'un joyeux farceur dont les plaisanteries et les pointes ne tarissaient pas plus que les sources du Guadalquivir. C'était un vrai Gascon, messieurs, soit dit sans vous offenser. Galant et courtois avec le beau sexe, il séduisait jusqu'à nos grand'-mères!...

Des mouches multicolores, bleutées, verdâtres, dorées au soleil, bourdonnent autour de nous.

— Qu'est-ce qui les attire? dis-je en les montrant à l'infatigable bavard.

— Oh! rien... le cadavre d'un pâtre abandonné depuis une quinzaine de jours.

Il nous conduit derrière un tas de briques et, sans interrompre son repas, s'assied près d'un cercueil, en soulève le drap noir et découvre un corps en pleine décomposition.

— Il était aussi pauvre que Job, dit-il avec indifférence.

Puis, me tendant pour la seconde fois son chapeau où restent quelques poires, il ajoute :

— *Gusta Usted ?*

Ce fut le mot de la fin.

Quelques semaines plus tard, en repassant au village, nous apprîmes que la vieille église s'était écroulée.

XI

CORDOUE

De Lora, nous nous rendons à Cordoue.

Cette ville est une des plus anciennes d'Espagne. Elle renferme des monuments de style étrange, des forteresses en vieux granit, hérissées de tours carrées et crénelées. Quand on y pénètre, on est comme suffoqué par une odeur inquisitoriale.

Dans une prison moderne, on montre l'antique chambre des tortures. Elle est étroite, sans ornements. Un trou pratiqué dans la muraille indique la place où l'on chauffait les instruments de supplice. Des groupes de prisonniers fument et s'exercent au couteau de bois dans une cour voisine.

La cathédrale est une merveille d'architecture

mauresque. Toutes les magnificences orientales y sont semées à profusion. Le style arabe y est fondu dans le style churrigueresque. Le chœur en bois sculpté, qui surmonte les stalles du chapitre, est étonnant de détails. Le patio le plus délicieux en précède l'entrée. Au centre, est un petit étang bordé de briques rouges, où coule une eau limpide qui reçoit les reflets du ciel et des orangers qui l'entourent. Tout est d'une vigueur de ton, d'un brillant de coloris qui rappelle Decamps ou Marilhat.

La mosquée fait partie de la cathédrale. Des colonnes de stuc, de jaspe, de porphyre, de marbres diversement colorés, forment de longues allées qui se croisent et se perdent dans la pénombre. On s'y promène comme dans une forêt de pierre. Au fond s'élève une chapelle peinte en rose ; un verset du Coran serpente à travers l'ornementation de la porte, qui est d'une grande élégance.

On ne va pas à Cordoue sans visiter l'ermitage, situé sur une haute montagne de la Sierra-Morena. Nous y montons par un chemin bordé d'oliviers. Au-dessus de l'entrée est une tête de mort sur des tibias en croix. Nous sonnons. Après vingt minutes d'attente, un frère en robe brune, la tête rasée, nous ouvre la porte.

— Avez-vous la permission de l'archevêque ? nous demande-t-il.

—Nous ne l'avons pas, mais nous entrons tout de

même. Rien de remarquable : une simple chapelle, où chaque moine a sa stalle, et le réfectoire, vaste salle en plein-cintre. Une dizaine de chats, qui paraissent ermites comme leurs maîtres, ramassent des miettes sur la table. Une pie, à la queue et aux ailes coupées, sautille audacieusement au milieu de nous. Tout est calme.

Le frère nous conduit à la *silla del Obispo*. Chacun, naturellement, s'empresse de s'asseoir. De là, nous jouissons d'une vue admirable sur les montagnes et sur la plaine. Des bois d'oliviers couvrent la campagne ; leurs feuilles, argentées par le soleil du matin, se détachent en clair sur la vigueur du ciel et les épis dorés. Quelques ruisseaux bruissent entre les pierres ; de larges violettes, des fleurs sauvages, éclatantes, constellent l'herbe humide ; des oisillons gazouillent sur les branches. Les moines ont choisi le séjour le plus enchanteur de la Sierra. Leur jardin, arrosé par une eau cristalline, est parfaitement cultivé : on y trouve une grande variété de plantes et de fruits savoureux.

XII

UNE VIERGE ANDALOUSE

Le photographe est amoureux de la fille d'un pharmacien, qu'il a rencontrée au *paseo del Gran*

Capitan. Le pauvre garçon rôde sans cesse devant la boutique paternelle. Mais le marchand de drogues, qui s'est aperçu des œillades insinuantes du Français, ordonne à sa fille de rester dans sa chambre. Après huit jours d'inutiles démarches, l'artiste nous annonce qu'il a découvert un expédient infaillible pour gagner la confiance du pharmacien : il va le prier de lui poser des sangsues.

Le stratagème, hélas! ne lui réussit pas. Que faire? Il propose au vieil Argus de le photographier. Un Andalou ne résiste jamais à une telle avance.

Le portrait est si bien venu, que le bonhomme désire celui de sa fille. O bonheur! l'amoureux contemple sa Dulcinée à travers la lentille de son objectif. Il peut lui dire d'une voix flûtée, tremblante d'émotion : « Tenez-vous droite, mademoiselle ; regardez cette rose et peuplez votre esprit d'images souriantes... Y êtes-vous?... Ne bougez plus et sourcillez le moins possible. »

Quelle jeune personne serait assez insensible pour ne pas ouvrir immédiatement son cœur à une déclaration à la fois si chaste et si poétique? La vierge andalouse promet sa main ; son père verse de douces larmes ; les préparatifs du mariage et les sérénades commencent.

Je n'ai pas parlé d'une boîte à musique que possède le photographe et qui nous a beaucoup diverti pendant le voyage. Elle joue trois airs : *le Calife de*

Bagdad, Étudiants, partons pour la barrière, et
Je suis Lindor. C'est avec cette guitare qu'il va sous
les fenêtres du pharmacien. Il la monte avant de
partir, et, tout le long des rues, la serinette dévide
ses ritournelles, à la grande stupéfaction des promeneurs. Quand il arrive, une centaine de badauds
se pressent autour de lui. Il grimpe au balcon, et la
boîte, suspendue à ses épaules, continue à chevroter
ses petits airs. Il exprime sa flamme, et la boîte
joue toujours... Jamais les habitants de Cordoue
n'ont eu pareille fête.

Le jour des fiançailles approche, tout est pour le
mieux. Survient un des ingénieurs que nous avons
quittés à Lora.

— Ah! mon ami, s'écrie le photographe, comme
vous arrivez à propos! vous assisterez à mon mariage. J'épouse Julia, la fille du pharmacien Salva-
dor; — un ange, mon cher, une véritable Agnès!

— En êtes-vous bien sûr? répond ironiquement
l'ingénieur.

— Si j'en suis sûr? Vous me le demandez, à moi
qui l'étudie, qui l'analyse à toute heure, après avoir
usé de mille subterfuges pour être admis dans sa
famille!... Si vous connaissiez le père, un porc-épic,
un sanglier des Ardennes, un tigre du Bengale...

— Je le connais, et sa fille mieux que lui.

— Eh bien! alors?...

— Eh bien! mon cher, vous êtes victime d'une

odieuse machination, vous, le dixième après moi. Julia, d'accord avec son père, singe la prude, dont elle n'a que l'apparence. C'est une mâtine fieffée, et son père un coquin sans vergogne. Fuyez ce guet-apens ; défiez-vous toujours de certaines vierges andalouses!... .

Si nous ne l'avions retenu par les basques de sa jaquette, le photographe courrait encore. Il ne voulut rien garder qui lui rappelât sa mésaventure. Il vendit sa boîte à musique à l'usurier le plus extraordinaire du monde. Ce vieux cuistre mangeait son pain sec devant un tableau de fruits appétissants. Matin et soir, il dévorait des dents et de l'œil cet étrange repas. Harpagon n'était point de cette force.

XIII

UN SINGULIER APOLLON

Les produits chimiques s'étaient décomposés ; il fallut en faire venir de Madrid avec un opérateur.

L'homme qui nous arrive est un Parisien de la place Maubert, grand, sec, à physionomie inquiète, émaillant ses phrases, fort mal à propos, d'exclamations à la Cambronne. Sa mise se compose d'un paletot-sac qui lui bat les mollets, d'un pantalon court et de souliers énormes. Il a perdu sa coiffure en route ; ses longs cheveux humides, ébouriffés, flottent sur ses épaules. Pour tout produit chimique, il apporte une petite fiole de nitrate d'argent.

Le photographe lui donne une rosse de trente francs, selle et bride comprises, et nous nous éloignons de Cordoue. L'opérateur, qui n'a jamais enfourché que les chevaux de bois des fêtes de Paris, pile du poivre sur son affreuse monture. Ses cheveux s'enlèvent et se rabattent, comme un parapluie qu'on ouvre et qu'on referme. Son pantalon, remonté jusqu'au genou, laisse voir sa jambe grêle au-dessus de la chaussette. Toute la populace le hue.

Nous courons au grand trot dans la plaine. Parfois, de hautes herbes piquantes bordent le chemin et s'enfoncent dans le cuir de nos bêtes, qui partent au galop. Au bout de quatre lieues, nous apercevons un village. Des rues tortueuses nous conduisent à la posada. L'opérateur est encore plus exténué que sa rosse ; les soubresauts lui ont ouvert de cuisantes blessures. L'un de nous lui indique un excellent remède, composé de vinaigre et de sel, et lui conseille, pour faciliter nos soins, de se déshabiller complétement. La chaleur est excessive, le malheureux n'hésite pas et nous exhibe le corps le plus maigre qu'on puisse imaginer. Pas de chair, rien que de la peau tendue sur le squelette. Dès la première friction, il pousse un hurlement épouvantable, suivi d'horribles blasphèmes. Tandis qu'on le panse, le photographe demande à la bonne un verre d'eau.

Elle entre, le sourire aux lèvres ; mais, à l'aspect de ce moderne Apollon, elle laisse échapper le verre en exclamant un « Jésus ! » de surprise. L'opérateur, furieux, veut tout casser, puis se met à pleurer comme un cerf aux abois, oublie son manque absolu de costume et saute par la fenêtre. Les habitants du village rentrent chez eux, scandalisés. Plusieurs se sauvent en se signant, persuadés qu'ils ont vu le diable.

Cette scène grotesque nous oblige à repartir bien vite. Nous pénétrons dans un bois de lauriers-roses. Quelques sources d'eau pure circulent autour de nous : des pierres moussues en rafraîchissent les bords ; de petites tortues nagent avec délices sur le sable. Un concert d'oiseaux remplit l'espace d'harmonie ; de grandes cigales tourbillonnent dans la lumière éblouissante. On oublie tout dans ces lieux enchanteurs pour se livrer à la contemplation, ne songer qu'au repos. Mais, hélas ! il faut se défier de cette nature splendide qui vous enveloppe de molles effluves, vous grise de parfums et vous invite au sommeil sur le velours de son herbe fleurie, comme une courtisane sur la fine dentelle de sa couche odorante : le plus souvent on ne se réveille pas sous les lauriers-roses !...

En traversant un ruisseau, le cheval qui porte les bagages a peur, la sous-ventrière casse, l'objectif et les fioles se brisent. Le photographe est désespéré.

— J'ai une idée, lui dit Prevost ; rassurez-vous.

XIV

NOUVEAU SYSTÈME PHOTOGRAPHIQUE NON BREVETÉ

L'idée de Prevost est tout simplement un trait de génie. Elle va permettre au photographe d'opérer sans objectif et sans produits chimiques. Depuis le jour de sa réalisation jusqu'à la fin de notre voyage, notre promenade à travers les bourgades andalouses est une marche triomphale. L'atelier en planches qu'on dresse sur les places publiques est toujours encombré. La clientèle enthousiaste fait queue à la porte. Nous sommes entourés, choyés, gâtés ; notre modestie nous impose, malheureusement, de fuir les ovations que nous ménagent les ayuntamientos.

— Monsieur, dit à chaque client le photographe, comment souhaitez-vous votre portrait ? Le voulez-vous de face, de trois quarts, de profil ou de dos ?... Placez-vous devant mon appareil, choisissez la pose qui vous conviendra le mieux et regardez n'importe quoi.

Le monsieur s'assied au soleil, devant un verre de vitre qui simule une lentille ; le photographe consulte sa montre.

— Très-bien ; nous commençons... Mes confrères recommandent de ne pas remuer, car, au moindre mouvement, le front, les yeux, le nez, la bouche, se brouillent sur leurs épreuves comme des œufs en omelette. Moi, je vous dis : Prenez vos aises, fumez, changez de position ; quand vous serez las d'être assis, levez-vous, circulez un instant ; éternuez, mouchez-vous, rajustez votre col, parlez, sifflez, chantez ; votre image n'en sera pas moins nette ni votre ressemblance moins exacte. Les procédés connus jusqu'à ce jour ne donnent qu'un équivalent brutal, un masque froid, sans physionomie ; mon système saisit et fixe la pensée intime, corrige même, au besoin, la coupe du vêtement. Devant un objectif ordinaire, on ne s'appartient plus, on n'est plus soi ; les muscles et les nerfs, habitués à l'action, crispent la bouche, tiraillent les paupières, dénaturent les traits ; la contenance cherchée, voulue, est presque toujours ridicule ; l'immobilité complète, l'attention soutenue sur rien, finissent par prêter à l'homme le plus spirituel l'air bête d'un *gallego* qui reçoit une tuile sur le crâne. Devant mon appareil, tous ces inconvénients disparaissent, et, chose merveilleuse, incroyable, inouïe, l'enfant qui pleure, effrayé par le canon de ma boîte magique, rit derrière la lentille, sur le papier où se reproduisent directement ses chairs roses et potelées, ses formes délicates et mignonnes... Vous trouvez la séance un peu longue ?... Oh ! dix minutes encore, pas davantage... Dormez, le temps vous semblera plus court....

Il n'était pas rare qu'avant la fin de son portrait le patient ronflât, la tête entre les jambes.

Alcades, curés, fonctionnaires, hidálgos et vilains s'extasiaient sur ce genre de photographie sans précédent, sans rival, et venaient à tour de rôle s'asseoir devant la vitre de l'objectif. Bien mieux : un photographe, M. Ortiz, voulut acheter le secret de ce mystérieux système. Je vais le lui révéler, avec l'espoir qu'il n'abusera pas de mon indiscrétion.

Tandis que le patient posait en pleine lumière, aveuglé par le soleil, Prevost, placé dans l'ombre, éclairé par une petite lucarne, le regardait à travers l'objectif et le « croquait » rapidement à l'estompe. Son dessin, fixé sur Bristol, imitait à s'y méprendre la photographie sur cartes, à laquelle, du reste, il était de beaucoup supérieur.

XV

GRENADE

De village en village, nous allons jusqu'à Grenade.

Nous entrons dans la ville mauresque par une pluie torrentielle qui, depuis la Sierra-Nevada, ne cesse de nous inonder. Les rues, d'habitude pleines de mouvement et de vie, sont complétement désertes. A vingt mètres de distance, nous ne distinguons rien. Des courtines se soulèvent, et de grands yeux étonnés regardent, entre des pots de fleurs étincelantes, quels audacieux se risquent dehors par ce temps diluvien.

Après avoir suivi pendant une demi-heure des ruelles montueuses, qui serpentent entre des façades bizarrement enluminées sur des fonds tendres, nous découvrons une posada du genre rococo le plus exagéré, qui semble peinte pour un décor d'opérabouffe.

Le lendemain, le ciel est d'une extraordinaire limpidité. Les feuilles des arbres, encore humides, reluisent sous un fin réseau de gouttelettes, comme sous une couche de vernis. Nous nous dirigeons vers l'Albambra par le chemin de *los Siete Suelos*. De chaque côté se dressent des peupliers gigantesques et coule un filet d'eau qui bruit sur les cailloux. Nous franchissons la porte de la Justice, percée dans une grande tour carrée : à droite, devant une petite chapelle, des femmes agenouillées dans l'ombre récitent des prières. Un escalier d'une vingtaine de marches conduit sur une place que bordent des habitations pittoresques dont les balcons disparaissent sous les brindilles et l'épais feuillage de vignes rampantes. Une église est bâtie au centre. C'est, en quelque sorte, un village enclavé dans l'Alhambra. A gauche, une magnifique porte, surmontée d'une toiture, est ouverte sur une cour où s'élèvent, simples et magistrales, *las Torres Bermejas*, d'origine phénicienne. Nous longeons un monument de l'époque de Charles-Quint, lourd de style, sans intérêt, et nous pénétrons enfin dans le célèbre palais arabe.

Nous visitons d'abord le *patio de los Leones*. La fontaine, qui lui donne son nom, se compose d'une large vasque polygonale, *el mar*, et d'une plus petite, *la taza*, soutenues par douze monstres plus semblables à des chiens qu'à des lions. Des jets d'eau, s'élançant des gueules et des conques, se répandent sur les dalles de marbre blanc, que festonnent des étoiles d'azulejos. Tout autour, de sveltes colonnes supportent des galeries et des portiques, des voûtes et des ogives, guipures de pierre d'un fini de détails merveilleux. L'or étincelle dans les boiseries ; le vert émeraude, le bleu, le noir, le brun éclatent de toutes parts, éblouissent, grisent, frappent de vertige l'esprit confondu par cette prodigieuse ornementation. On se figure, à chaque instant, voir s'enlever les lourdes toitures modernes et apparaître, sur les terrasses aériennes qu'elles ont remplacées, une belle sultane vêtue de soie et d'or, pensive au milieu de son cortége de négresses.

La salle des Ambassadeurs est la plus belle de l'Alhambra. De chaque côté de la porte principale, admirablement sculptée, sont deux niches de marbre où les Maures déposaient leurs babouches. Le plafond en bois de cèdre, fouillé, ciselé, d'une valeur incalculable, est un miracle de travail. Les murailles, indescriptibles, peuvent se comparer aux cristallisations fantastiques d'une grotte de fée. Partout des enlacements inextricables, des broderies d'une extrême délicatesse, des filets de toutes couleurs, de mystérieuses inscriptions. La grande ligne subsiste parmi la profusion des détails ; le tout est parfaitement harmonieux. C'est le style arabe dans toute son opulence.

Dans la cour du Mezouar, pavée en marbre de Macael, est un large réservoir rectangulaire où se baignaient les femmes.

Le cerveau fatigué par la contemplation de tant de richesses artistiques, je m'assoupis dans un coin, sous les myrtes. A peine couché, j'entrevois, sous les frêles colonnes de la galerie, quelques captives du sérail. Les mains unies, se balançant sur les hanches, elles s'avancent à petits pas et chantent à voix basse des paroles qui se confondent avec le murmure de l'eau dans les bassins. J'écoute, et voici ce que j'entends :

« Nous sommes les filles du soleil ; le feu court dans nos veines ; nous seules savons aimer.

« Venez, hommes du Nord, venez vous réchauffer à nos lèvres.

« Nos baisers ont la douceur du printemps et lo parfum des roses... »

Elles se déshabillent et dévoilent une à une les formes exquises de leur corps souple et ferme. La fille blanche comme le lait, la femme cuivrée aux anneaux d'argent, l'esclave aussi noire que l'ébène, étalent à mes yeux ravis toute la gamme des tons mauresques...

Pourquoi s'éveille-t-on d'un si beau rêve !...

Après avoir traversé plusieurs autres salles de bains, très-élégantes, en dentelles de stuc, nous descendons à la *sala de las ninfas*, qui ne contient qu'une baignoire. Au-dessus de la porte, un bas-relief en marbre de Carrare représente messire Jupiter qui, sous forme de cygne aux ailes déployées, enroule son cou autour des épaules de Léda, vue de dos, et lui mordille le gras des reins d'un large bec sculpté dans la muraille.

Nous arrivons au tocador, cabinet de toilette d'Isabelle la Catholique, puis au mirador, pavillon à jour d'où l'on jouit de perspectives splendides. De ce site charmant, la ville a l'air d'une grenade ouverte. Rien de plus féerique, par un temps pur, que l'aspect de ces innombrables maisons qui semblent se heurter pour se faire place. A nos pieds, le Genil roule des étincelles d'or entre des oliviers, des nopals, des grenadiers et de vieux peupliers qui rivalisent de hauteur avec les tours de l'Alhambra.

Des aqueducs très-élevés, ornés de lierre, de plantes parasites de toute espèce, sont jetés au-dessus du fleuve. Au loin, à gauche, se découpe la cathédrale. Entre l'Albaycin et la ville, le Darro charrie des lamelles d'argent au fond d'un ravin qu'ombragent des pistachiers, des coloquintes, des cactus et des lauriers-roses. A l'horizon, la Sierra-Nevada se déroule dans la transparence du ciel irisé.

L'escalier du Generalife, fort rapide, est coupé de plates-formes. Sur chacune jaillit d'un bassin une aigrette cristalline qui se répand en fine rosée. Le bassin de la dernière, plus grand que les autres, est entouré de bancs de verdure et de plantes aromatiques. Les eaux courent sur la rampe, dans des tuiles creuses, ruissellent à travers les jardins et se jettent dans un canal de marbre au bord duquel se dresse, entre une floraison d'orangers, le cyprès de la sultane, de proportions énormes, qui fut témoin des infidélités amoureuses de la favorite de Boabdil. Les oiseaux chantent parmi les ifs, les myrtes, les cédrats, les jasmins et les limons ; les sources gazouillent sur le sable où des cailloux diversement colorés forment de bizarres dessins... On voudrait vivre et mourir dans l'atmosphère embaumée de ce séjour enchanteur.

Le quartier des Gitanos est situé sur une des collines les plus élevées de Grenade, de l'autre côté du Genil. Dans un champ de cactus gris-bleu, des monticules de terre, percés de trous, sont adossés à des touffes d'aloès et de figuiers de Barbarie. Ces taupinières sont un royaume dans l'État espagnol.

Le roi de ce peuple étrange nous fait les honneurs de son camp avec une grâce toute princière. Si l'on en juge par l'apparence, sa liste civile ne doit pas être considérable.

Sa Majesté, tout habillée de toile blanche, tient, en guise de sceptre, un fouet de lanière à long manche. Elle a les pieds nus dans des *alpargatas*. Un chapeau *calañes* à larges bords est rabattu sur ses cheveux coupés en oreilles de chien. Une chemise rose à jabot s'étale sur sa poitrine. De grands anneaux d'or brillent à ses oreilles, des bagues d'argent à chacun de ses doigts. Une paire de ciseaux est passée dans sa ceinture d'un rouge ardent, qui lui couvre presque tout le ventre. Sa Majesté tond les mules.

Sa cour — une cour des Miracles — se compose d'hommes, de femmes et d'enfants de tout âge et de toute couleur.

A la porte de la cahute royale, madame la reine, accroupie sur les talons, la gorge nue et flasque, la taille ceinte d'une couverture déchiquetée qui lui sert de jupe, — une vraie sorcière de Macbeth, aux mains longues, aux lèvres lippues, aux yeux bordés de rouge, — se fait chercher des poux par une fille d'honneur en bras de chemise, svelte et souple comme une almée. Dès qu'elle nous aperçoit, la jeune camérière interrompt sa délicate besogne et nous montre une double rangée de dents éclatantes.

Une nuée de drôles, complétement nus, noirs comme des taupes, courent entre nos jambes et veulent fouiller dans nos poches. De tous les trous sort une légion de gitanos qui viennent nous tendre la main. Nous leur lançons une mitraille d'*ochavos*. Les enfants se jettent sur la monnaie, se battent, se déchirent la figure, pleurent, braillent, nous assourdissent. Les hommes, qui n'ont pas eu de sous, nous demandent des cigarettes, du tabac, du papier, n'importe quoi, toujours de la façon la plus insinuante, le sourire aux lèvres. Un vieux borgne offre de nous montrer les curiosités connues et même inconnues de Grenade. Grâce à une piécette que nous lui donnons, le souverain rappelle tout ce monde à l'ordre et nous en débarrasse.

Une brune gitana, vêtue d'une robe bleu de ciel à trois volants bordée de violet, les bras nus, les cheveux dénoués sur les épaules, repasse des mouchoirs sur une pierre.

Un joli perroquet vert prend ses ébats au soleil et récite autre chose que l'alphabet.

Dans un coin, un grand gaillard, chef des cuisines royales, rôtit en plein air une bête de forme indéfi-

Le camp des gitanos.

nissable, qui répand, à une distance de plusieurs mètres, une forte odeur de charogne. D'un *puchero* se dégage un fumet insupportable.

Sa Majesté nous invite à déjeuner avec une grâce de plus en plus princière ; mais les exhalaisons de ses fourneaux ne nous séduisant point, nous nous retirons en lui prodiguant de nombreux salamalecs copiés sur la cérémonie du *Bourgeois gentilhomme*.

Les gitanos tondent les chevaux, les ânes et les mules. Les gitanas disent la bonne aventure et vendent des colliers de grains rouges ou des paniers faits avec une herbe très-flexible. Ils sont très-soumis à leur prince, qu'ils ne dépossèdent jamais des insignes royaux, par la raison toute simple qu'il n'a jamais eu ni pourpre, ni trône, ni sceptre, ni couronne.

La cathédrale est d'une architecture gothique très-ancienne. Des nuées d'ornements enrichissent les nefs latérales.

On y remarque de vieux vitraux d'une belle couleur, très-étincelants, une admirable Vierge d'Alonso Cano, sculptée au-dessus d'une porte, et la statue en bois, fort bizarre, d'un guerrier couvert de son armure, peint et doré, monté sur un cheval gris.

Les dépouilles mortelles de Ferdinand et d'Isabelle la Catholique reposent dans la *capilla real*. Les deux statues, couchées sur le sarcophage, sont d'une grande sévérité.

Citons encore, parmi les œuvres d'art de Grenade, la *Virgen de las Angustias*. La tête, voilée, s'appuie sur une grande croix noire agrémentée d'or. Le visage, ovale, d'une pâleur maladive, a un puissant caractère d'ascétisme. Les yeux pleurent sous les sourcils rapprochés en accent circonflexe. Les lèvres paraissent tremblotantes. Un serre-tête blanc cache le cou, suit la ligne de la gorge, percée de sept glaives, et se prolonge jusqu'à la ceinture. Les mains sont écartées dans une attitude douloureuse. Sur les genoux est étendu le cadavre du Christ aux extrémités verdies, en putréfaction. Des anges désolés tiennent les emblèmes du crucifiement. Cette magnifique toile doit être d'Alonso Cano.

Au bout de l'Alameda se trouve une fontaine remarquable par son originalité. D'immenses figures d'hommes grossièrement ciselées, d'un goût un peu churrigueresque, soutiennent une large conque d'où tombent des flots lourds comme l'architecture. Sur la droite, un délicieux jardin parfume l'air. Une longue allée de peupliers, rendez-vous des amoureux et des rêveurs, continue la promenade parmi les riches plantations qui bordent le Génil.

Les enluminures des habitations ont fait comparer les rues de Grenade à des coulisses de théâtre. Voici un détail qui complète l'illusion.

La porte de l'escalier, soit extérieure, soit intérieure, est grillée. A travers les barreaux de fer, le novio vient tous les soirs causer avec sa novia. Souvent la grille a la forme d'une cage où se place la tourterelle.

Dans quelques villages de l'Andalousie, le fiancé pose en sentinelle, autour de la maison de sa promise, des amis ou des domestiques qui empêchent tout le monde d'approcher pendant le duo d'amour. Celui qui voudrait forcer la consigne tomberait sous la pointe d'une navaja. S'il n'a personne avec lui, le gars jette son chapeau et ne permet pas qu'on le dépasse. Chacun respecte cet usage.

A vingt minutes de Grenade se trouve le monastère de la Cartuja. Les peintures du cloître rappellent un peu celles de Carducci. Elles représentent les persécutions et le martyre d'un moine et de ses disciples. Un panneau surtout est terrifiant. Trois moines vus en raccourci, présentant leurs crânes nus aux spectateurs, sont traînés sur le sol, attachés à la queue de chevaux fougueux que des hommes frappent à tour de bras. Cette œuvre est d'une grande simplicité de style, d'un dessin très-correct, d'une extrême sobriété de couleur. La chapelle est toute en marbres diversement colorés. Sur le maître-autel, une Vierge, traitée dans le genre maniéré de Vanloo, contraste désagréablement avec les autres décorations. Dans le réfectoire est une croix peinte en trompe-l'œil, qui ne trompe que les naïfs.

XVI

MALAGA

Nous allons à Malaga par la diligence. Légèrement vêtus, nous grelottons en traversant la Sierra-Nevada. Toute la route est bordée de vallées immenses, creusées en entonnoir, au fond desquelles les arbres se réduisent aux proportions minuscules de la mousse. Les oiseaux planent au-dessous de nous. On voit ainsi le paysage et les êtres du haut d'un aérostat. Les précipices succèdent aux précipices; chaque cahot de la voiture donne le frisson. Çà et là, des châteaux en ruine couronnent les monticules. Au loin s'accentue une ligne bleue : c'est la Méditerranée. Des voiles blanches frisent sa surface comme de légers papillons. On distingue bientôt sa ceinture d'écume. Vue de cette élévation, la mer, éclairée par un soleil radieux, paraît infinie. A nos pieds se déroule Malaga. Quoique nous ayons encore deux heures de route à parcourir, nous apercevons nettement le dessus de la cathédrale avec ses deux tours rondes. On descend une pente rapide qui se tord entre des rochers, des bois et des champs de cactus, et l'on entre dans la ville par l'Alameda, belle promenade plantée d'arbres entre lesquels sont des candélabres et des statues. A l'une des extrémités est une fontaine célèbre, d'une grande liberté de composition. Du milieu d'un bassin octogone s'élève une colonne chargée de sirènes, de satyres et d'enfants qui lancent l'eau par la bouche, les seins et... le reste. De jolies maisons s'alignent sur les bas côtés de l'avenue, habités par le haut commerce, caste qui vit à part. On appelle « grands épiciers » ces fiers marchands de raisins secs. Ils sont d'une outrecuidance et d'un pédantisme sans pareils. Serait-on le mathématicien, l'astronome, le littérateur ou l'artiste le plus illustre, on n'a point accès chez eux.

Assises sous un long hangar, des femmes emballent les oranges. Elles se mouillent du bout des lèvres la paume de la main droite, l'appliquent sur une feuille de papier soie qui s'y colle, prennent un fruit d'or de la main gauche, l'enveloppent très-vite et très-habilement, puis le déposent dans une caisse placée devant elles.

Les *charanes,* hommes du peuple qui jouissent d'une mauvaise réputation, vendent des *bogerones,* qu'ils portent dans des paniers plats suspendus à leurs coudes par des cordes, comme des balances.

La ville n'offre rien de remarquable. Le quartier Perchel est très-dangereux. Il se compose de huttes entourées de longs roseaux, qu'habitent de terribles bandits, détrousseurs de grands chemins.

Les forçats du Preside, vêtus de toile grise, coiffés d'un chapeau de paille, arrosent et balayent les rues, la chaîne aux pieds, surveillés par deux sentinelles fusil en main. Un forçat gradé, les pieds chaussés et libres, les dirige en fumant sa cigarette. Plusieurs font de la dentelle pour les dames qui leur fournissent du fil et des crochets. Assis sur une borne, ils bavardent volontiers avec n'importe qui. Les interroge-t-on sur leurs crimes, chacun répond invariablement : « Moi, je ne suis point coupable. Un homme avait le malheur de me déplaire; j'ai voulu voir la couleur de ses tripes; il en est mort, je le regrette. » Il n'est pas rare qu'un de ces presidarios courtise une bonne, lui promette le mariage, l'épouse à l'expiration de sa peine et vive ensuite honnètement.

En-Espagne, lorsqu'un forçat a payé sa dette, il rentre dans la vie commune. Notre législation exclusive devrait suivre cet exemple moralisateur.

A deux lieues de Malaga est un ancien couvent de moines, dont le jardin, planté d'orangers et de grenadiers, est rafraîchi, de distance en distance, par de petites pièces d'eau. Des statues de fleuves bordent un large escalier. Le gardien ouvre d'un air maussade tous les conduits des eaux et donne le spectacle d'un Saint-Cloud en miniature. Un autre, espèce de sacristain, introduit au premier étage d'un air majestueux, cligne de l'œil comme quelqu'un qui va montrer des choses extraordinaires, ouvre la porte d'une grande salle nue, complétement vide, et réclame un pourboire on ne sait trop pourquoi.

Telle est la fin burlesque de notre voyage humouristique en Andalousie.

MAYORQUE

MAYORQUE

I

LA CÔTE

De Malaga, nous allons aux Baléares sur un petit voilier chargé de barriques de vin. Après une traversée de deux jours et deux nuits, poussés par une jolie brise sur une mer légèrement moutonnée, nous apercevons, vers quatre heures du matin, les côtes de Mayorque dans la brume. Nous sommes sur un bas-fond. Près de nous se dresse un rocher conique de cinq cents mètres de hauteur. Longeant la côte, nous voguons encore pendant quatre heures avant d'arriver à Palma. Un grand nombre de petits moulins à six ailes couronnent, à gauche, les sommets de la ville ; à droite, presque sur le bord de la Méditerranée, s'élève la cathédrale. Une multitude de gens nous regardent comme des animaux tombés de Saturne. Nous questionnons l'hôtelier de la *Fonda del Vapor* sur les curiosités du pays, et, selon notre habitude, tourmentés par le désir de l'inconnu, nous voulons parcourir la vallée de Soller avant de visiter Palma. Un *chouette* nous loue des mules, et nous partons, à minuit, par un magnifique clair de lune.

II

LA VALLÉE DE SOLLER

Nous faisons ouvrir une des portes de la ville et, suivant la grande route, tracée en ligne droite sur une longueur d'au moins vingt kilomètres, nous rencontrons des troupeaux de taureaux inoffensifs; ceux qui marchent en tête ont d'énormes cloches attachées au cou. Les bouviers qui les accompagnent nous souhaitent une bonne nuit : *Bona nit tengue.*

Vers trois heures du matin, nous atteignons la montagne. Une route très-ancienne, très-audacieusement percée, conduit au sommet. A nos regards s'offre le plus admirable tableau nocturne qu'on puisse imaginer : Une roche, que les plantes parasites couvrent de leurs capricieuses broderies, lance par-dessus nos têtes une fine cascade qui s'engouffre dans l'abîme. Des gouttelettes diamantées par les rayons lunaires tombent une à une, comme des larmes, sur les feuilles que lèchent nos mules. A gauche s'étend une vallée d'orangers en fruits. A droite, Cabrera, blanche et nue, s'allonge dans la mer argentée. C'est dans cette île, grillée par le soleil, qu'en 1808, après la capitulation de Bailen, les Espagnols laissèrent mourir de soif et de faim quatre mille Français.

Des arbres centenaires se dressent, posés comme des pieuvres colossales sur leurs racines à jour. Le silence est absolu ; seul, le pas de nos mules résonne sur les cailloux. A chaque instant, des oranges se détachent et roulent sur le sol. L'atmosphère est tout imprégnée de suaves parfums.

Au fond de la vallée, le petit village de Soller se découpe, aux lueurs de l'aurore, en blanc très-clair sur une grande montagne grise. Nous descendons à une posada d'aspect hollandais. Un vieux Mayorquin nous reçoit à la porte, vêtu d'un caleçon bouffant d'étoffe bleu-ciel et d'une veste de laine de même couleur, bordée de galons noirs. Sa taille est serrée dans une ceinture rouge ; il est chaussé de souliers jaunes et de bas de fil bien tirés sur la jambe, coiffé d'un chapeau noir à larges bords, de forme ronde, d'où s'échappent deux longues mèches de cheveux qui tombent sur la poitrine. Derrière la tête, sa chevelure est coupée ras. Il a deux montres unies par une double chaîne : « Si l'une s'arrête, l'autre marche, nous dit-il, et j'ai toujours l'heure. »

Nous assistons à une course d'hommes, que préside un jury composé des plus anciens du village. Le

but est à deux mille mètres dans les terres labou-
rées. Les concurrents, jambes nues, rangés sur une
seule ligne, partent, rapides comme les pierres que
lançait la fronde de leurs ancêtres, et se disputent
vivement les prix : bague, foulard, pipe en bois
ornée de cuivre, toute petite, à queue de roseau
très-effilé.

Après la course, nous nous rendons sur le bord
d'un lac de trois kilomètres environ de circonfé-
rence, formé par les eaux de la mer. Le Léman lui-
même, autant que je m'en souvienne, n'a pas une
telle transparence. On peut facilement compter les
cailloux semés dans son lit de sable fin. Regardés à
distance, par un beau soleil, les baigneurs semblent
suspendus dans l'air ; on dirait que le vide se fait
autour de leur corps. Un Mayorquin nous raconte
qu'un de ses amis venait chaque jour voir baigner
une jeune fille dont il était amoureux. Caché sur la
rive, il distinguait parfaitement ses formes à travers
l'onde : ce n'était plus une femme pour lui, c'était
une fée qui volait dans l'azur.

Quittant à regret ce lac enchanteur, où se
mirent deux palmiers, nous nous approchons
d'une vieille forteresse démantelée sur laquelle
flotte l'étendard espagnol. Prevost en commence le
croquis. D'un geste impérieux, une sentinelle lui
ordonne de se retirer. Prevost ne bouge pas. Alors
survient un lieutenant.

— Que faites-vous? demande-t-il avec une certaine brusquerie.

— Vous voyez : je dessine.

— Oui, vous levez le plan du fort pour quelque
tentative hostile à l'État.

— Comment ! à cette distance ?

— C'est interdit; ne répliquez pas et partez vite !

Nous revenons à Palma. Il est tard; les cinq
portes qui donnent sur la campagne sont fermées.
Harassés de fatigue, nous sommes obligés de tourner
la ville et d'entrer par la porte principale, ouverte à
toute heure. Nous suivons des rues étroites, montantes, mal pavées. Devant la cathédrale, des groupes
crient et dansent des rondes à la lueur de quelques
feux de bois allumés au-dessus de la foule, dans de
grandes cassolettes fixées aux murs. Des gamins
nous huent et nous jettent dans le dos des trognons
de choux et de vieilles savates. La coupe de nos
habits nous fait toujours prendre pour les habitants
d'une autre planète.

III

AU CAFÉ-CONCERT

Nous terminons la soirée au café concert.

La salle, éclairée par un quinquet fumeux, n'a
pas plus de huit mètres carrés. A l'entrée sont les

tables des consommateurs. Au fond, une balustrade
de bois sépare le public des artistes. A droite est une
épinette de forme perdue, privée de quelques
touches, mais, en revanche, compliquée d'un tam-
bourin et d'une grappe de sonnettes que meut une
pédale. Sauf le dessus des tables, qui est bleu, le
tout est peint en vert pomme.

Une petite porte s'ouvre et laisse passer une
énorme chanteuse dont la gorge formidable est em-
prisonnée dans un corsage de drap bleu d'outremer. Sa jupe courte, de nuance plus claire, dessine
un ventre proéminent; sa jambe robuste se termine
par un pied délicat; son visage, sans fard, est bouffi
de santé. Un chapeau de toile cirée, qu'entoure une
guirlande de roses, est posé sur sa chevelure d'un
noir vigoureux. Elle tient dans la main droite un
bâton qui lui sert de houlette, et sous le bras gauche
un mouton mal empaillé. Elle ouvre la bouche : il
en sort une voix enfantine qui rappelle la montagne
accouchant d'une souris.

Arrive un grand berger coiffé d'un chapeau de
paille à larges bords, vêtu d'un gilet bleu ciel et d'un
pantalon de toile collant sur de longues jambes
fluettes. Un foulard rouge sang de bœuf, mis à
la Colin, s'enroule autour de son cou; une ceinture, rouge aussi, lui serre la taille. Il est en
bras de chemise et dissimule un bouquet derrière
son dos.

— M'aimes-tu ? dit-il à la grosse bergère d'un air tendre.

— *Mucho ! mucho !*... roucoule l'énorme femme en pressant le mouton sous son bras.

A ce mot, qui le ravit en extase, le berger tombe à ses genoux, découvre son bouquet, fait un effort en le lui présentant, et... et l'on entend un bruit métallique, semblable à celui que nota si plaisamment Lulli chez mademoiselle de Montpensier. Stupéfait, le pianiste cherche à distraire l'attention de l'auditoire en scandant sur son épinette des accords furibonds. Le public applaudit à outrance et rit aux éclats. La chanteuse, devenue pourpre, ébauche un sourire gracieux pour dissimuler sa honte ; mais sa main, crispée sur le mouton, en fait jaillir toute la paille. Alors, n'y tenant plus, elle coiffe de la peau le grand jeune homme immobile à ses pieds et se sauve en l'appelant *cochino !*...

Cette scène joyeuse met fin au spectacle.

IV

PALMA

Palma, sillonnée de rues étroites, s'élève en amphithéâtre au fond d'une baie, entre le cap Cala-Figuera et le cap Blanco. Beaucoup de maisons sont bâties sur des escarpements. La plupart des poutres qui soutiennent les toits sont ouvragées, un peu dans le genre mauresque. On trouve quelques patios du style Renaissance très-bien conservés : un, entre autres, ayant appartenu à la famille de Fortaleza, entouré d'une balustrade de pierre sculptée et de grands escaliers en fer forgé d'une jolie ciselure. Il est regrettable que, dans la majeure partie de ces cours, une épaisse couche de chaux barbouille les finesses de l'ornementation.

Les moulins, à toit mobile, sont d'un blanc éclatant.

La cathédrale, très-simple d'architecture, toute en pierres meulières, est de construction romane. Elle présente un aspect jaune en plein soleil. L'ensemble a la forme d'une châsse.

La promenade principale est au centre da la ville. Les bourgeois s'y montrent dans de vieilles voitures montées sur de grandes roues et conduites par des cochers en moustache. Les femmes de la haute société, qui dédaignent le costume mayorquin, portent la mantille et suivent les modes madrilègnes. Un orchestre militaire charme les oreilles de la foule. Il joue des morceaux d'une monotonie navrante, où dominent des solos éraillés de clarinette, de petite flûte et de cornet à pistons. On se croirait à un enterrement.

Près de la place du Marché se trouve la rue des

Chouettes, industriels d'origine juive, qui vivent en dehors de la société mayorquine. Les femmes riches de cette secte se couvrent de bijoux : boucles d'oreilles, bagues, bracelets et colliers de corail. Elles se mettent sur les épaules une pèlerine de crêpe de Chine vert-pomme ou jaune, et se plantent dans les cheveux un peigne de métal ouvragé.

Autour de fontaines bizarrement construites, d'un style espagnol très-ancien, non classé, se groupent des essaims de jeunes filles vêtues d'une double guimpe de tulle noire ou de mousseline blanche plissée, qui s'attache en cœur sous le menton et flotte sur les épaules, d'un corsage en drap noir décolleté, dont les manches courtes, échancrées au-dessus du coude, sont garnies de boutons de métal, et d'une robe de différentes couleurs, le plus souvent bleu clair violacé, qui tombe sur le pied chaussé de bas à jour et de souliers de satin à bouffette rouge ou bleue. Des chaînes d'or ou d'argent, à trois et quatre rangées, partent du haut du corsage, à droite, et courent sur la poitrine, fixées au-dessous du sein gauche. Leurs cheveux noirs sont réunis en une grosse tresse qui passe sous la guimpe et descend jusqu'à la chute des reins. Elles arrivent de toutes parts, portant sous les bras deux cruches de forme arabe et babillant comme des fauvettes.

V

UN MARIAGE

Encore tout jeune, un chouette avait, à la fontaine, fait la connaissance d'une belle petite fille. Ils jouèrent d'abord ensemble et, plus tard, s'aimèrent tendrement. Plusieurs fois, le jeune homme, qui appartenait à une famille riche, avait sollicité la main de son amie. Mais le père et la mère, malgré leur modeste position de fortune, n'avaient pu se décider à donner leur consentement.

Bientôt, la Mayorquine ne parut plus à la fontaine. Un Havanais, négociant millionnaire, séduit par ses charmes, l'avait demandée en mariage, et les parents avaient accepté ses propositions.

Le jour des noces, les cloches sonnent à toute volée ; une foule nombreuse, accourue de tous les points de l'île, se presse dans la cathédrale. Les hommes ont mis leurs plus beaux costumes ; les vieilles femmes ont sorti de leurs coffres leurs plus fines broderies ; toutes les guimpes sont fraîchement plissées. Des vieillards au profil de cormoran, le chapeau à la main, causent d'une voix nasillarde dans les angles de la basilique. Des chouettes, groupés à l'écart, tristes et pâles, promènent des re-

gards haineux sur les visages qu'anime un sentiment
de joie et de curiosité. Les personnes qui n'ont pu
pénétrer dans le sanctuaire, stationnent sur la place.

Une sorte de dais en velours rouge décore la cathédrale. Un tapis splendide couvre les marches,
que borde une pépinière de fleurs. Le maître-autel
est littéralement enseveli sous des plantes exotiques.
Une double rangée de cierges répand des clartés
vacillantes sur un grand Christ de bois peint en
noir, couronné d'épines vert-pomme et ceint d'une
jupe rose à paillettes d'or. La blessure ouverte à son
côté est d'un rouge éclatant. Des prêtres vêtus de
chapes de brocart à longue queue, bariolées de
feuilles d'acanthe et de médaillons où sont brodées
en relief des figures de saints, chantent les louanges
du Seigneur. Des jeunes filles agenouillées forment
un chemin au centre de la nef.

Soudain, sur un âne gris-bleu admirablement
caparaçonné, arrive un vieillard qui crie à la foule :
« Les voilà ! »

L'alcade distribue quelques coups de canne à
droite et à gauche pour dégager le passage ; l'orgue
commence un brillant prélude, et la fiancée, accom-
pagnée de son père, apparaît, étincelante comme un
soleil.

Elle avait manifesté le désir de se marier en
costume national, et voici comment l'a composé le
riche Américain :

La guimpe est une merveille de broderie ; un nœud d'argent pur attache la natte de cheveux, tressée dans un réseau de perles fines ; la robe est d'étoffe ancienne, rose, couverte d'une double jupe en dentelle de grande valeur ; une infinité de pierres précieuses criblent le corsage de satin blanc ; une rivière de diamants inonde la gorge et la taille ; les souliers sont en or, les bas de soie brodés à jour.

Calme, résignée, l'éblouissante Mayorquine gravit les marches de l'autel. Lorsque son regard s'arrête sur sa toilette et sur la foule qui l'entoure, un léger sourire plisse les coins de sa bouche, mais ses grands yeux noirs sont tout baignés de larmes. Son fiancé s'approche sur un signe du prêtre ; un silence absolu règne parmi les spectateurs. Après les formalités d'usage, quand la jeune fille répond « Oui », tout à coup une détonation se fait entendre, suivie de cris effroyables. La foule se rue vers la porte. Saisie d'un horrible pressentiment, la mariée s'agenouille et se renverse, inanimée, parmi les fleurs.

La voilà millionnaire ; mais sera-t-elle heureuse ? N'emportera-t-elle point dans son âme, par-delà les mers, toujours vivace, poignant comme un remords, le souvenir de celui qui l'aimait et qui, fou de désespoir, vient de se tirer un coup de pistolet au cœur ?...

Pauvre jeune homme ! pauvre jeune femme !...

Le lendemain, arrive sur le port, traînée par deux

Un mariage à Mayorque.

mules maigres et conduite par un Mayorquin en
costume national, une voiture à portières étroites,
suspendue sur deux grands ressorts qui forment
d'immenses volutes entre des roues fantastiques.
Sauf la caisse, tout est peint en rouge, ce qui donne
à l'antique patache l'aspect d'un gigantesque crabe
cuit.

— La mariée, vêtue de soie noire, en descend avec
son père et sa mère ; son mari prépare la cabine
nuptiale dans le navire blanc et noir qui se balance
au loin, comme une grosse hirondelle.

Lorsque la barque qui doit l'emporter approche,
la jeune femme s'agenouille dans la poussière, découvre son visage altéré par une douloureuse in-
somnie, et, tournée vers la fontaine où jadis elle
allait puiser de l'eau, fait de touchants adieux à sa
ville natale.

Elle appelle ensuite un chouette et, sortant de sa
poitrine un mouchoir trempé de larmes : « Tiens,
dit-elle, remets-le à la mère du tendre amant qui
n'a pu survivre à mon mariage. Qu'elle le lui place
sur le cœur, afin qu'il emporte dans la tombe ce
gage de mes profonds regrets et de mon éternel
amour. »

Brisée par l'émotion, elle se jette dans la barque,
et, du bout des doigts, envoie des baisers jusqu'à sa
disparition dans la brume argentée du matin.

Pauvre femme ! pauvre mari !...

VI

LES VESSIES INCENDIAIRES

Nous sommes sur le port, où Prevost fait une étude d'après nature. De nombreux badauds s'approchent et regardent d'un air étonné les vessies de couleurs qu'il presse sur sa palette. A la vue du vermillon, plusieurs se sauvent à toutes jambes; seuls, les plus vieux restent impassibles. Une demi-heure plus tard, tous les bateaux s'éloignent, à notre grande stupéfaction, et deux /gardes civils se présentent, coiffés d'un chapeau à cornes qui, posé de face sur la tête, leur donne l'aspect d'un tourne-vis. Ils commencent par nous demander nos passe-ports, puis nous invitent à les suivre; notre étonnement redouble.

Ces braves soldats reconnaissent sans peine à notre accent que nous sommes étrangers et veulent bien nous conduire chez notre consul.

Nous trouvons son chancelier, un homme charmant qui nous explique notre cas après quelques minutes d'entretien avec les gardes.

On vient d'avertir le gouverneur de Palma que des étrangers, agents de la révolution, se sont introduits dans l'île, munis de boules incendiaires qu'ils ont eu l'audace de préparer devant une population naïve, pour les lancer ensuite sur les bateaux amarrés dans le port.

Nous poussons un formidable éclat de rire ; mais le chancelier, plus sérieux, nous dit que la plaisanterie n'est pas de circonstance. Il nous engage même à changer de vêtements et à nous faire raser pour n'être pas reconnus. L'affaire est toute simple pour les autorités ; avec la population, c'est autre chose.

Décidément, nous n'avons pas de chance à Mayorque ; aussi nous empressons-nous de quitter cette île inhospitalière.

EN CATALOGNE

EN CATALOGNE

I

BARCELONE

Nous touchons à Barcelone. Les maisons sans toit de Vista alegre nous apparaissent avec leurs murs jaunes où grimpent des brindilles de vigne. Devant nous se dresse le Monjuich, hérissé de rocs à travers lesquels circule un chemin difficile. Du fort qui le couronne, Espartero bombarda la ville en 1842. Le regard plane, de cette élévation, sur une grande étendue de campagne et la mer bleue, couverte d'une forêt de mâts.

En arrière du môle est bâti le faubourg de Barcelonette, qu'habitent des pêcheurs et des ouvriers de marine. On y prend, l'été, des bains délicieux. Quelques balancelles noires, de forme semi-orientale, sont à sec sur le sable fin de la plage. Tout près retentissent les marteaux des forgerons qui construisent des coques de fer.

Lorsqu'une épidémie se déclare à Barcelone, tous

les étrangers se réfugient dans ce faubourg. Malheureusement, la mer l'envahit depuis un demi-siècle et finira par l'engloutir.

Les nombreux cafés-concerts qu'on y trouve sont pleins de matelots. Dans une taverne où l'on débite de l'aguardiente, du vin jaune et du café de couleur douteuse, est un petit théâtre de marionnettes toujours envahi par une foule bruyante. La pièce en vogue expose les amours d'un berger et d'une bergère de bois, au nez cassé. La gardeuse de brebis, qui n'est pas de l'école de Florian, aime à s'égarer avec un matelot derrière les buissons. Jaloux, le berger provoque son rival, qui l'assomme à coups de trique. Mais le loup de mer a compté sans la Mort, qui lui arrache le gourdin et lui administre une dégelée épouvantable. A la chute du rideau, les spectateurs applaudissent à outrance de leurs mains larges et calleuses. D'habitude, la soirée se termine par un drame sanglant. Quand la police arrive, chaque matelot a regagné son bord, la salle est vide.

En suivant la Muraille de mer, vaste terrasse bordée d'un parapet et de maisons élégantes, — une, entre autres, qu'habita Cervantes, — on débouche sur la Rambla, longue promenade qui coupe Barcelone en deux, et l'on se rend par la calle San Fernando (rue du Commerce) et la place San Jaime, à l'ancien hôtel de ville, d'une admirable architecture gothique. Un superbe bas-relief : saint Georges terrassant un dragon, surmonte la porte extérieure. On pénètre, par une voûte large et basse, dans un patio qu'entoure une colonnade légère. Les ogives sont du style le plus pur. Un escalier de pierre conduit à une galerie où se répercute formidablement le bruit des pas. Nous nous regardons, étonnés de n'avoir point une longue rapière ; notre costume moderne nous semble un absurde anachronisme.

Un peu plus loin est la cathédrale. Nous entrons dans le cloître par une porte en fer forgé, agrémentée de gros clous. De vieilles mendiantes, accroupies sur les marches, tirent les basques de nos redingotes et nous demandent la charité « pour l'amour de Dieu ». Nous sommes dans un joli jardin planté de citronniers énormes. A droite, au milieu d'un bassin carré, bordé d'une moulure gothique, s'élève une colonne au sommet de laquelle est perché, sur un cheval au galop, un petit saint Georges tenant son épée d'une main et de l'autre une bannière de métal brodée à jour. Un filet d'eau jaillissant en courbe forme la queue du quadrupède. Des roses trémières, des fleurs de toute espèce, épanouissent leurs corolles délicates autour de la fontaine. Un capellan lit son bréviaire parmi des chats écloppés, borgnes, sans queue ou sans oreilles, qui dorment ou font leur toilette au soleil. Une personne riche a laissé une certaine somme au chapitre de la cathédrale pour qu'il recueillît et soignât ces pauvres invalides. Sous la galerie, d'un gothique fleuri très-pur, nous admirons les grilles en fer forgé qui ferment les chapelles. Des figures de saints, de l'école primitive, grands comme nature, s'harmonisent parfaitement avec l'architecture générale du cloître. Surmontée d'une balustrade de pierre découpée en trèfle, une vieille tour s'élance dans le ciel.

Une porte d'un travail exquis donne accès dans la cathédrale. Des paysans écoutent d'une oreille attentive un curé qui prêche dans une chaire à toiture trop basse pour sa haute taille. L'orateur a le nez en lame de couteau, les yeux petits et vifs, le front bas, les lèvres minces, le menton proéminent, la mâchoire osseuse, les oreilles grandes et pointues. Il gesticule violemment et crie d'une voix nasillarde, semblable aux sons aigus d'un bec de clarinette :

« Messeigneurs, cloué sur la croix, Jésus endurait les horribles tortures d'une lente agonie. Il élevait sur les ailes de la prière sa grande âme vers le ciel et... *anda* (va)!... Oui, messeigneurs, quoiqu'il fût Dieu, il souffrait comme un homme. Penché sur son trône, l'Être suprême laissait tomber sur son Fils bien-aimé le baume de son infinie miséricorde et... *anda!...* »

Le prêtre émaille chaque phrase de ce mot irrévérencieux : « Anda », qu'il accompagne d'un geste de côté. Stupéfait, l'auditoire se demande avec inquiétude la cause de cette grossière inconvenance. Nous en eûmes plus tard l'explication. L'orateur possédait un chien qui l'avait suivi à l'église, était monté dans la chaire et lui grattait les jambes.

L'intérieur de la cathédrale est d'un ton brun obscur qui lui donne un aspect sinistre.

Le chœur, en bois finement ciselé, est admirable. A droite, une roue bordée de clochettes de diverses grandeurs est fixée dans la muraille. Mue au moment de l'élévation, elle sonne comme un sac de verres cassés qu'on agiterait vivement.

Au-dessus de l'orgue est attachée, en cul-de-lampe, une immense tête de Maure sculptée et parée, qui roule des yeux terribles. La bouche, ouverte comme une lucarne, laisse voir une rangée de dents canines ; la barbe, longue d'un mètre, faite avec du crin de cheval, flotte dans l'espace ; deux anneaux de verre blanc, de la grosseur d'une poire, pendent aux oreilles peintes en rouge ; un large turban couvre le front. Aucune légende n'explique l'origine de cette œuvre aussi bizarre qu'étrange.

Une femme en mantille parcourt une vingtaine de mètres sur les dalles mal ajustées, s'arrête à l'ouverture d'un caveau, se frappe fortement la poitrine et baise ardemment le sol. Au fond de la crypte, une urne renferme les reliques de sainte Eulalie.

La façade de cet édifice est inachevée. Des gargouilles fantastiques s'avancent jusqu'au milieu de la rue qui longe le côté gauche : les unes surmontées d'éléphants grossièrement sculptés, qui portent une espèce de maison sur le dos ; d'autres ornées de singes qui se disputent un fruit ; certaines, plus anciennes encore, semblables à des monstres chinois.

Nous suivons des rues étroites, où nous remarquons des restes d'architecture du style ogival ou Renaissance, et des devantures de boutiques singulièrement décorées. De grosses lanternes surchargées de lourdes feuilles d'acanthe dorées, attirent, avec deux soleils de bois à jour tournant en sens contraire, l'attention du public sur les chocolateries. Presque toutes les façades ont des balcons où pend une courtine de coutil rayé, et la plupart une terrasse commune, où chaque locataire a le droit d'étendre son linge et d'enlever d'énormes cerfs-volants qu'on appelle *cometas*. Tous les étages, découpés à jour sur le jardin, communiquent à un puits profond par une corde à large poulie.

Près de la calle San Fernando s'élève une tour carrée, percée de meurtrières, qui appartint au tribunal de l'Inquisition. Sur la place, plantée d'acacias, est une fontaine moderne, en marbre blanc. De grosses Catalanes aux jambes nues, aux bras d'athlète, coiffées d'un foulard de couleur, vêtues d'une jupe d'étoffe à fleurs imprimées, d'un corsage noir et d'un mouchoir en pointe que fixe une épingle sur les reins, viennent y puiser de l'eau dans des cruches à bec.

Les ouvriers de toutes les corporations se réunissent à la Rambla, le dimanche, et s'entretiennent des nouvelles du jour parmi des aveugles qui jouent de la guitare, des marchands d'oranges, de journaux, de chansons et de numéros de loterie. On y voyait autrefois des mozos d'escouade, chargés de la police des campagnes. Ils avaient un chapeau de haute forme galonné, à bord relevé du côté droit et retenu par une cocarde, un gilet rouge, une veste à boutons d'argent, une ceinture, un pantalon de gros velours noir et des alpargatas à cordons bleus ; un poignard pendait à leur côté, un fusil était posé sur leur épaule, avec une manta. Lorsqu'ils avaient affaire à un bandit dangereux, ils le garrottaient de manière qu'il pût s'échapper et le tuaient alors d'un coup d'espingole. Ils s'évitaient ainsi les ennuis d'une longue procédure.

II

LA PROCESSION DES GÉANTS.

Cette procession est à la fois émouvante et grotesque.

Voici d'abord les géants, dont les trois premiers
ont annoncé, pendant huit jours de suite, le cortége
dans les rues de Barcelone.

La *noya*, qui marche en tête, belle et forte fille,
tourne sans cesse, imprimant à ses hanches un
meneo comique. De petits rires étouffés la saluent,
et les éventails, en s'agitant devant les figures épanouies, produisent un bruit pareil au froissement
d'ailes d'un vol de scarabées.

La *señorita* s'avance, fièrement campée, le poing
sur la hanche, un sourire goguenard aux lèvres. De
lourds colliers s'étalent sur sa gorge nue, d'énormes
pendeloques se balancent à ses oreilles. Les diamants et les perles qui criblent sa robe, jettent des
feux multicolores sous le soleil. Planté dans sa perruque abondante, un large peigne retient à la nuque
des flots de dentelles qui ruissellent en fine écume
sur les épaules. Ses yeux, noirs comme des pru-
neaux, font tache au milieu de son visage fardé.

Le *señorito*, armé d'une lame de Tolède et vêtu

La procession des géants.

d'une robe de chambre en velours cramoisi bordée d'or, telle qu'en portent les dentistes traditionnels, a l'air d'un figurant de mélodrame avec ses traits durs et accentués, ses sourcils épais et ses terribles moustaches en croc.

La *señora* est d'aspect plus imposant : son costume de satin blanc semi-moyen âge, sa tête couronnée de roses, son voile de tulle brodé sur les bords et les fleurs printanières qu'elle élève de la main droite, la font ressembler à une madone gothique. Elle est le trait d'union entre la mascarade et la procession, le premier indice du recueillement.

Le cinquième géant a dû jouer un rôle héroïque à l'avénement des rois de Catalogne. Le peuple l'appelle le *caballero grande*. Une immense robe de velours brun, bordée de deux bandes d'or à la partie inférieure, lui descend jusqu'aux pieds, serrée à la taille par une ceinture d'or ornementée. Une chaîne de cuivre, emmêlée à sa longue barbe, bat sa large poitrine. Une couronne du même métal, surmontée d'un turban d'où jaillit une aigrette rouge-cramoisi, étreint son front encadré de cheveux incultes. Il tient son grand sabre de la main droite et le fourreau de la main gauche.

Ces personnages légendaires sont accompagnés de *pajes* coiffés d'un bonnet de laine brun-violet ou rouge, très-long et très-large, enroulé sur la tête.

Un gilet de velours bleu très-court, une ceinture violette, des guêtres de cuir de Cordoue et des alpargatas en toile blanche, attachées avec des cordons bleus à la cheville, complètent leur costume pittoresque. Quelques-uns sautillent en frappant avec une seule baguette sur un tambour et jouant d'une espèce de chalumeau qui tient de la musette et de la flûte, tandis que d'autres quêtent parmi la foule.

Lorsque la moitié des géants qui a les pieds à terre, éprouve le besoin de se dédoubler, les quêteurs la remplacent.

Des danseurs exécutent, un bâton à la main, des évolutions rhythmées. Ils sont vêtus de *toneletes,* jupes de femme qui laissent voir le pantalon, et de très-beau crêpe de Chine de différentes couleurs attaché en sautoir. Leur coiffure est une sorte de turban ou de toque de forme aussi élevée que ridicule. Ces têtes d'hommes brûlées, qui émergent d'un accoutrement féminin, offrent le spectacle le plus bizarre et le plus étrange. On se demande, de loin, si l'on a sous les yeux une ronde de chimpanzés.

Vient ensuite la procession des enfants, précédée d'un maître de cérémonie.

Le premier bambin est, presque toujours, le fils ou la fille de l'un des plus riches commerçants de la ville. Costumé en ange rococo, frisé jusqu'à l'invraisemblance, il jette des pétales de fleurs jaunes contenus dans une corbeille. Des ailes de tulle collé sur du carton sont fixées à ses épaules ; une jupe rose pailletée bouffe autour de sa taille. Il rappelle ces petits amours en pâte coloriée perchés sur les pâtés de Savoie.

D'autres anges rangés autour de leur madone ; les élèves des écoles religieuses et le clergé des paroisses, bannières déployées ; les notabilités de la ville, cierges en main ; la société de la Confrérie de la Vierge, groupée derrière une madone splendide, constellée de diamants et couronnée d'un immense cercle d'or qui reflète la lueur des cierges ; la bannière sacrée tenue par un diacre, et une croix gothique d'un style remarquable, portée par un personnage en riche chape de brocart, défilent tour à tour devant la foule recueillie.

Arrive enfin, escorté par une excellente musique militaire, le dais si impatiemment attendu, qui recouvre une chaise d'or d'une valeur prodigieuse, ciselée et incrustée de pierreries, qu'on prétend être le trône d'un roi de Catalogne canonisé. Portée par des autorités religieuses vêtues d'habits somptueux, elle est entourée de fleurs et de lumières qui la font étinceler.

C'est un éblouissement, une évocation de la lampe merveilleuse d'Aladin, une vision féerique de l'Apocalypse.

La foule s'agenouille sur son passage, et de toutes les fenêtres tombe une pluie de fleurs jaunes.

Une observation très-curieuse pour terminer.

Deux fois dans ce chapitre j'ai parlé de fleurs *jaunes,* et j'aurais plus souvent employé ce qualificatif si je n'avais craint de trop me répéter. N'en soyez pas surpris. En Catalogne, le jaune est très-affectionné. La cathédrale est bâtie en pierres jaunes; les étoffes déployées aux balcons sont jaunes; le drapeau qui flotte sur les monuments publics est jaune; les Valenciens, marchands d'oranges, sont coiffés d'un foulard jaune; à la campagne, les maisons sont peintes en jaune; le premier plat que vous mangez — du riz mêlé de safran — est jaune; le vin que vous buvez est jaune; la femme qui vous sert a un jupon de laine jaune; le costume de l'enfant qu'on berce et sa bercelonnette sont jaunes; le terrain est du sable jaune... Le jaune est partout. Certes, si le *Malade imaginaire* de notre grand auteur comique eût passé par là, il se fût aussitôt jeté sur son lit, hurlant qu'il avait la jaunisse! -

III

L'ÉVÊQUE ET LE BARBIER

La Catalogne est toujours prête à se soulever pour son indépendance. On doit surtout attribuer la cause de ses fréquentes agitations politiques au despotisme de ses gouverneurs.

Un évêque, tyran de Barcelone, entre chez un barbier.

— Tu vas me raser, lui dit-il.

— Bien, monseigneur.

— Prends garde : si tu me coupes, je te fais pendre.

— Que Votre Seigneurie daigne s'asseoir ; je connais mon état.

Sans trahir la moindre émotion, le barbier savonne le visage de l'évêque et, la tête rejetée en arrière, le corps souple, la jambe cambrée, promène son rasoir comme un velours sur la peau chatouilleuse du tyran.

— Voilà, monseigneur, dit-il ; vous n'avez aucune égratignure.

L'évêque le regarde, étonné.

— Comment ! tu n'as pas eu la moindre crainte ?

— J'étais parfaitement tranquille, monseigneur.

— Mais la menace était sérieuse !

— Je le savais.

— Eh bien, alors ?...

— Eh bien... à la première goutte de sang qui eût perlé sous mon rasoir, je coupais la gorge à Votre Seigneurie.

— Hein ! vraiment ?

— Oui, monseigneur.

— Parbleu! tu me plais, et je veux que tu me rases tous les jours. Seulement... ah! seulement, s'il t'arrive de m'écorcher, tu seras pardonné d'avance.

L'évêque tint parole et le barbier fut, jusqu'à sa mort, son confident intime.

IV

UNE CHASSE A LA FEMME

A la suite de l'un de ces pronunciamientos si fréquents à Barcelone qu'on ne les compte plus, le chef de la police secrète, M. Terais, arrêté par l'insurrection victorieuse, fut jeté dans un cachot. Sa maîtresse, une Valencienne aussi courageuse que belle, voulut aller le voir, malgré les remontrances de ses amis, qu'effrayait, à juste titre, une telle démarche. Elle sortit en robe de soie noire à longue traîne, la tête couverte d'un foulard noué sous le menton.

A peine dehors, elle est reconnue ; des hommes l'entourent.

— Je ne me trompe pas, dit l'un d'eux, c'est elle ; c'est la concubine de Terais.

— Oui, c'est moi, répond la jeune femme avec calme. Vous êtes braves parce que je suis seule. Si mon amant était là, vous trembleriez tous devant lui.

— Ah! tu nous insultes, vile femelle? Nous t'apprendrons à mieux parler!

Et l'homme, pour prouver sa bravoure, lui donne un fort coup de bâton.

— Lâche! s'écrie la Valencienne en pâlissant.

Un second coup la fait horriblement tressaillir. Elle s'éloigne à pas précipités, et toujours l'homme la frappe de son bâton, et la canaille suit, hurlant l'outrage et la menace. Pas une nature chevaleresque dans cette tourbe ignoble; rien que des bourreaux acharnés sur leur victime.

La malheureuse, affolée de douleur, mais sans proférer une plainte, accélère sa course, cherchant partout un refuge : les magasins sont fermés, les portes sont closes, et de toutes parts se forment des groupes qui la poursuivent ou l'attendent. A l'angle d'une rue, deux gredins, armés d'escopettes, la visent et tirent : les balles sifflent à ses oreilles sans l'atteindre. Presque au même instant, un lourd pavé lui coupe le front. La pauvre femme chancelle et tombe. Elle passe les mains dans sa chevelure dénouée et les retire trempées de sang. L'énergie du désespoir lui prête de nouvelles forces. Elle se dresse sur les coudes, regarde et reconnaît la rue où demeure sa sœur. Le salut est à quelques pas; un dernier effort, et les secours qu'elle implore lui seront accordés, les soins qu'elle sollicite lui seront prodigués. Péniblement elle se remet debout. Ses genoux s'entre-choquent, ses pieds, mal assurés, s'engagent dans la queue de sa robe et la déchirent. Elle marche avec hésitation, pâle comme un fantôme. Encore trente mètres, encore vingt... plus que quinze... elle touche au but !

Un jeune homme lui barre le passage.

— Me reconnais-tu ? lui demande-t-il.

— Ah ! grâce !... s'écrie-t-elle terrifiée.

Le jeune homme sort un revolver de sa ceinture, appuie le bout du canon sur le visage de la femme et presse la détente. Le coup rate.

— La mort ne veut pas de toi, dit-il en haussant les épaules ; continue ton chemin.

La pauvresse, traînant sa longue robe en lambeaux, avance, les cheveux épars, les mains tendues, aveuglée par le sang qui ruisselle de sa blessure. A l'extrémité de la rue, des va-nu-pieds la guettent, adossés aux murs. Elle les voit comme à travers un nuage rouge. Pour leur échapper, d'un élan surhumain elle se précipite vers la maison de sa sœur.

— A moi !... râle-t-elle, à moi !... je suis perdue !...

Des bras la reçoivent ; la porte se referme.

Tout n'est pas fini. La populace, qui veut sa proie, se rue sur la maison et frappe la porte à coups redoublés. Les parents de la Valencienne l'aident à escalader le toit et la pressent de fuir par

Page 163.

Une chasse à la femme.

cette route périlleuse. Défaillante, elle se cramponne aux cheminées et rampe sur les tuiles, les cheveux au vent, collés par mèches sur l'affreuse balafre qui lui coupe le front. Montés derrière elle, ses bourreaux la pourchassent. Alors commence une course folle sur les faîtes, dans l'admirable limpidité du ciel. La femme se pelotonne, se dissimule le plus possible ; les hommes, sans se montrer, la recherchent activement. Une vie est l'enjeu de ce terrible cache-cache.

De sa mansarde, une infâme vieille assiste aux émouvantes péripéties du sombre drame.

— Par là, de ce côté, vite ! crie-t-elle aux assassins ; je l'aperçois sur une terrasse.

Des misérables s'élancent, saisissent leur victime, l'enlèvent, vont la jeter dans l'espace, à la foule qui grouille en bas, lorsque des gendarmes, avertis à temps, arrivent, le sabre nu, et délivrent l'infortunée Valencienne.

Elle resta trois jours muette. Tout son corps n'était qu'une meurtrissure. Il fallut extraire de ses chairs le sang coagulé.

Elle était la maîtresse du chef de la police secrète, c'est vrai ; elle en faisait partie elle-même, c'est possible ; mais enfin, elle était femme avant tout : des hommes auraient dû s'en souvenir.

V

LE MONTSERRAT

Par la voie ferrée de Saragosse, nous allons jusqu'à Monistrol, petite ville située au pied de la montagne de Montserrat. Ses maisons étroites, couvertes de tuiles noires, hérissées de poutres horizontales qui servent de séchoirs, s'entassent les unes sur les autres au bord du Llobregat, qui les mouille de minces filets d'eau. Le lit de cette rivière, bordé de joncs et de broussailles, est rocailleux, bariolé de filons diversement colorés. Quand on le traverse, on croirait, dans de certains endroits, marcher sur un immense morceau de lard durci.

La diligence, que l'on prend sur la principale place de la ville, suit un chemin rapide qui contourne la montagne. Deux murs de pierres jaunes superposées sans ciment, longent des jardins admirablement cultivés. Une demi-heure plus tard, on se trouve sur une hauteur à pic, sans parapet. De l'impériale, on voit le dessus de Monistrol. Montant toujours, on passe bientôt à côté d'une énorme roche et l'on traverse un bois de pins parasols. La route devient de plus en plus escarpée. Le zagal distribue de furieux coups de trique à ses mules. Après avoir croisé une diligence qui descend au triple galop, nous, arrivons enfin au monastère, vaste maison carrée, à toit noir et pointu, dont les grandes fenêtres nous paraissent microscopiques.

Nous descendons de voiture au petit village de Montserrat, composé d'une dizaine de maisons, et, franchissant un vieux pont jeté sur une large crevasse, nous débouchons sur la place du couvent. Au centre, sous un gros arbre qui projette une ombre épaisse, campe une corporation ouvrière venue en pèlerinage. Des instruments de musique sont accrochés aux branches. Les hommes, vêtus dans le genre des francs-tireurs des Vosges, ont planté des tentes. Quelques-uns boivent au piporo. Des écuelles de terre, suspendues sur des feux de bois, répandent une agréable odeur de safran.

Une grande porte s'ouvre sur un patio, que bordent de trois côtés des arcades du siècle de Philippe IV. Des vignes chétives grimpent le long d'une muraille et s'enroulent à un balcon de fer forgé. A droite, on domine toute la campagne d'un parapet de pierre sur lequel des *pajes* sont assis.

L'église forme une seule nef. Sur un tabernacle très-élevé, éclairé par deux à trois cents cierges de cire jaune disposés en pyramides, trône une Vierge que la légende attribue au ciseau de saint Luc. Une couronne constellée de pierreries ceint sa tête peinte en noir; son corps disparaît sous une chape de brocart d'or, sans plis, sculptée en forme de pain de sucre. Elle tient des scapulaires dans une main, et dans l'autre l'Enfant Jésus vêtu d'une chape et couronné comme elle. Derrière, servant de fond, se déroule la montagne découpée en dents de scie.

Une vingtaine de moines en costume de capellanes, rangés deux à deux devant le maître-autel, psalmodient à l'unisson un *Salve, Regina,* simple gamme ascendante, lente, sonore, que répercutent les échos. Des enfants de chœur habillés de rouge exécutent sur le violon, par intervalles, des variations qui, combinées avec les voix d'hommes, produisent une impression étrange. L'effet est saisissant ; on ne l'oublie plus.

L'église, très-sombre, n'offre de remarquable que les grilles en fer forgé qui ferment les chapelles.

Un moine nous conduit à notre chambre, petite et voûtée. Dans une alcôve sont placés deux lits de fabrication primitive. Ils se composent de larges planches peintes en vert pomme, ajustées sur un gros pieu de même couleur, de deux paillasses couvertes de draps bien blancs et d'oreillers plats et longs, bordés d'une légère dentelle de fil. A chaque angle de la voûte repose, sur un trépied de bois, une cuvette de faïence au fond de laquelle s'étale, naïvement peinte, la Vierge de Montserrat appuyée contre sa scie de montagnes. La fenêtre, grillée, a vue sur un précipice hérissé de roches que feston-

nent des plantes parasites. Une vieille gravure jau-
nie, rongée par les insectes sous son verre cassé,
représente la Vierge des Rois pompeusement parée.
Assise, elle tient sur ses genoux, vu de face, les
jambes pendantes, un Enfant-Jésus couronné, affublé d'un pourpoint de soie à crevés, très-serré à
la taille, d'une culotte et de souliers Louis XIII,
d'une collerette et de manchettes brodées. Un
sceptre est dans l'une de ses mains, la boule du
monde dans l'autre. — Où diable l'auteur de cette
œuvre singulière a-t-il trouvé l'exacte description
de ce riche costume, que ne mentionne aucun histo-
rien du Nouveau Testament?...

Toute la nuit, sous l'arbre de la place, la corporation ouvrière boit et danse au clair de lune. Les
gais accords des instruments bercent nos rêves.

Le matin, nous allons prendre le chocolat à
l'unique auberge du village. Nous ne sommes pas
peu surpris de voir, dans une vaste salle, une trentaine de capellanes coiffés de leurs étranges chapeaux, les uns gras, au nez court, les autres maigres,
au nez long. Ils plongent d'énormes tartines de pain
dans de petites tasses cylindriques, peintes en bleu
sur fond blanc, avalent d'interminables verres d'eau
et roulent entre leurs doigts de fines cigarettes. Nous
nous installons à leurs côtés et, coup sur coup, nous
absorbons trois ou quatre petites tasses, au grand
scandale d'un prêtre décharné qui regarde ses col-

lègues en clignotant de l'œil. Néanmoins, la conversation s'engage, et nous nous quittons bons amis.

Un étroit chemin, qui borde le monastère, conduit dans la montagne. A l'extrémité, s'en trouve un autre, rempli d'accidents rocailleux et glissants, qui n'a guère plus de quarante centimètres de largeur. Nous hésitons d'abord à le suivre ; mais enfin, comme il faut voir, nous avançons avec une prudence excessive, sans regarder à nos pieds, suspendus, pour ainsi dire, à la paroi d'une immense canine. Ainsi se présentent la majeure partie des pics de la montagne, ce qui donne à l'ensemble l'aspect d'une mâchoire de monstre gigantesque. Au coucher du soleil, les dents se détachent en silhouette noire sur le ciel embrasé : c'est fantastique.

Tout à coup, un appel terrible déchire l'air : nous arrivons à temps pour sauver un pauvre professeur, pris de vertige, qui n'ose plus avancer ni reculer. D'une voix saccadée, haletante, il implore du secours. C'est à peine s'il peut articuler un mot. Ses oreilles tintent, ses jambes flageolent sous son corps. En vain lutte-t-il, cherchant à se cramponner au roc poli : une force surnaturelle l'attire dans le vide. Nous le soutenons avec énergie et, après lui avoir conseillé de fermer les yeux, nous le ramenons à notre point de départ.

Habitués à marcher sur l'étroit espace, nous avons vite gagné les fissures de la montagne. Au-dessus de nos têtes, sur des cônes arrondis, nous voyons avec étonnement de jeunes Catalanes, chaussées d'alpargatas, bondir comme des chèvres, de roc en roc. Montant toujours, nous atteignons une déchirure où l'on ne peut s'engager qu'un à la fois. Ce n'est plus un chemin, c'est un terrier. Un paysan, qui s'avance vers nous, recule complaisamment et nous raconte que l'armée française franchit ce dangereux passage avec armes et bagages. Les canons, démontés, furent traînés roue à roue.

De sinuosités en sinuosités, après deux grandes heures de marche à travers des champs d'herbes sauvages, nous arrivons, harassés de fatigue, au pic San Geronimo, la dent la plus longue et la plus effilée de la mâchoire. Vu d'en bas, il semble inaccessible ; en réalité, l'ascension est assez facile. De la cime, nous jouissons d'un merveilleux spectacle. Une plaine incommensurable se déroule sous nos yeux, pareille à une carte géographique en relief ; les formes bizarres des cônes se déploient en raccourci ; l'horizon sans fin, partout accidenté, se confond avec le ciel. Des nuages argentés, floconneux, glissent au-dessous de nous. Tout près, une roche colossale, coupée par des radius blancs, paraît noire comme de l'encre. Peu à peu, les nuages s'agglomèrent ; un orage effroyable surgit à nos pieds. La foudre éclate de toutes parts, chaque coup de tonnerre se reproduit en nombreux échos, le mont tremble sur sa base : on se croirait au milieu d'une bataille. Nous n'apercevons plus que les sommets des pics. Éclairé par le soleil, le dessus des nuages ressemble à une mer houleuse. Des moines, qui se rendent à une petite chapelle, chantent en suivant le chemin escarpé. Par où sont-ils venus ? Nous l'ignorons. Leur voix de basse se perd dans l'immensité de la montagne. Les moindres sons montent, distincts, de la plaine. Une diligence, pas plus grosse qu'une mouche, court sur la route mince comme un fil à broder ; nous entendons les grelots des mules et les claquements du fouet du mayoral. La sublime magie de ce tableau grandiose nous impressionne profondément.

Revenus au couvent, nous assistons au départ de la corporation ouvrière. Les tentes ont été repliées, chacun a repris son instrument. Les ouvriers sont rangés comme en bataillon, orchestre en tête. Un géant efflanqué fait tourner une canne-major et se rapproche quelquefois des rangs pour aligner les hommes. Il est coiffé d'un chapeau de feutre retroussé par une aile, sur le devant duquel un couvert de buis est fixé en croix. A ses côtés, un peu en arrière, se tiennent deux individus habillés à la façon des garibaldiens : feutre à plumes, blouse avec ceinture, pantalon s'arrêtant aux genoux et grandes bottes. Ils portent sur l'épaule, majestueusement, l'un une fourchette, l'autre une cuiller de bois peintes en jaune, qui peuvent avoir cinq pieds de haut. Vient ensuite la musique, grosse caisse et timbales au centre, entre deux ophicléides dont les tuyaux font trois fois le tour du corps des instrumentistes. Sauf une lyre à timbre, qu'on frappe avec un petit marteau, l'orchestre ne diffère pas des musiques militaires connues. Les porte-paniers suivent avec les provisions : pain, poulets, riz, piment, ail et vin. Toute la corporation, hommes, femmes, enfants, les uns traînant les autres, forme la queue.

Après le départ de tout ce monde, nous trouvons une jarretière de femme, toute neuve, avec fermoir d'acier. Sur le fond en soie blanche est brodée une rose, avec cette devise en vert émeraude : *Como una rosa*. Les amoureux ont l'habitude de décocher ce compliment aux jambes de leur Dulcinée.

Tous les Catalans qui font le pèlerinage de Montserrat revêtent le costume national. Les fils de famille et les dames de la haute société se travestissent en *pajes* et paysannes. Ainsi affublés, ils se figurent plaire davantage à la Vierge.

VALENCE

VALENCE

I

EN MER

Par une belle soirée d'été, nous nous embar-
quons à Barcelone sur le *Rey Jaime*, petit bateau
propre et coquet qui dessert habituellement les îles
Baléares et Valence. Il est quatre heures de l'après-
midi. La mer, bleu indigo, unie comme une nappe
d'huile, se déroule sous l'azur profond du ciel.

Deux heures plus tard, une forte brise s'élève; les
flots bondissent et se couvrent d'écume. Alors les
visages se décomposent. On dirait qu'un esprit malin
dirige, à travers une lentille multicolore, des rayons
électriques sur les groupes qui grimacent. Chacun,
en trébuchant, va jeter aux poissons, par-dessus
bord, le trop plein de son estomac. Le mal, heureusement, dure peu sur la Méditerranée.

Des mouettes blanches rasent la vague autour de
nous; le capitaine en tue plusieurs avec beaucoup
d'adresse.

Les côtes ont disparu; la mer, de plus en plus grosse, a pris un autre aspect : éclairée par un soleil pâle, elle est maintenant jaune citron.

Le soleil s'éteint et, subitement, sans crépuscule, la lune argente les flots.

Une tente est dressée ; hommes et femmes, pêle-mêle, se couchent sur le pont. Tandis qu'ils s'endorment, accablés de fatigue, un robuste gaillard sort une guitare cachée sous les plis de sa manta. A peine a-t-il préludé que tous les dormeurs se redressent et, frappant des mains, entonnent des airs populaires. La cloche du quart mêle ses notes aux voix. Un soldat en veste jaune et bonnet de police prend à son tour l'instrument et chante de curieux *tangos* havanais. Puis le concert se transforme en bal. Un des matelots exécute un pas de nègre : il se contourne, tire la langue, roule de gros yeux, gesticule d'une façon très-comique. La nuit passe, rapide et gaie.

Le matin, une brise légère glisse sur la mer plate. L'horizon se dessine dans le gris ; on aperçoit une multitude de flèches dorées comme des minarets. Quelques poissons volants, argentés et rayés de bleu, s'enlèvent sur d'immenses nageoires et filent au-dessus des vagues, à cinquante centimètres de hauteur. Ils viennent sans doute de Mayorque; le capitaine en a très-rarement vu sur les côtes de Valence.

On jette l'ancre à un quart de lieue du rivage.

La commission de la *Salud* vérifie notre état sanitaire; les bagages sont empilés dans une barque, les passagers dans une autre; nous arrivons à la douane.

Pour s'éviter l'ennui de faire ouvrir les malles, l'employé leur donne un petit coup du plat de la main : « Vous pouvez les passer », nous dit-il. Aussitôt des portefaix s'en emparent, et nous les suivons, escortés de nains, de bancroches, d'hydrocéphales, de manchots, de morveux, mendiants éhontés, braillards, répugnants, hideuse pouillerie qu'on rencontre partout en Espagne.

Du *Grao,* une tartane nous transporte à Valence. Après avoir franchi le pont jeté sur le Guadalaviar, un douanier nous arrête à l'octroi. Deux réaux l'attendrissent. Il frappe nos bagages avec sa baguette, et le dernier acte de la comédie municipale est joué.

Nous entrons enfin dans la ville. Tout d'abord, il nous est impossible de la voir : elle disparaît complétement sous de vastes affiches. En tête, des caractères incommensurables composent ce titre alléchant : La Passion du Christ. Au-dessous s'étagent, avec un grand luxe de capitales ornementées, les titres des tableaux et les noms des acteurs.

Notre hôtelier nous recommande vivement ce spectacle, — un des plus curieux, nous dit-il, qui se soient donnés au théâtre de la Princesse.

Toute la salle est louée pour quinze jours ; mais,

à force d'argent, nous nous procurons des places pour le lendemain.

II

LA PASSION

Les abords du théâtre sont encombrés. Des groupes stationnent depuis le matin sur les marches de la façade. Ils grossissent d'heure en heure. Les uns ont dressé des tentes, d'autres sont couchés sur des matelas, plusieurs ont fait leur *puchero*. Les feux brûlent encore et répandent une odeur d'huile nauséabonde. Les hommes fument, jouent ou dorment, enveloppés dans leurs mantas aux vives couleurs, coiffés de foulards jaunes ou rouges ; les jeunes filles rajustent leur toilette, piquent des épingles et des fleurs dans leur chevelure tressée ; les mères, accroupies sur le sol, allaitent leurs enfants : on dirait une caravane arabe au repos. Des familles venues des extrémités de la province se parlent de loin. Des duos de guitare et de bandurria, des roulements de castagnettes, des chants érotiques vibrent dans l'air. Les visages rayonnent, les bouches épanouies jettent des éclats de rire. Tout à coup la foule s'écarte pour livrer passage à un riche perclus qui s'est fait transporter de soixante lieues, sur une chaise à bras,

pour voir la *Passion*. Les ombres de la nuit couvrent les masses grouillantes ; l'heure du spectacle
va sonner.

Les portes s'ouvrent. Un murmure, d'abord confus,
flotte au-dessus des groupes, qui se confondent, se
heurtent, se précipitent vers l'entrée, trop étroite
pour les recevoir. Bientôt des cris de femmes, des
sanglots d'enfants, des aboiements de chiens retentissent de toutes parts. Des hommes se disputent,
échangent des coups de poing et des coups de bâton ;
des chignons sont arrachés, des mouchoirs perdus,
des poitrines meurtries, des yeux crevés : c'est de la
frénésie, c'est de la rage.

Après deux heures de houle, la place est déserte.
Quelques personnes attardées accourent, mais sont
refusées faute de place.

L'aspect de la salle est des plus pittoresques. Un
public bariolé, multicolore, se presse partout. Les
loges sont pleines comme des grenades ; on y compte
jusqu'à vingt-cinq spectateurs, beaucoup plus qu'elles
ne peuvent en contenir. Des moutards sont grimpés
sur les épaules de leurs pères, qui s'accrochent à des
barres de fer et se penchent affreusement. Çà et là,
des chiens montrent leur museau. Des *botijos* et
des batteries de cuisine sont entassés sur les genoux.
Les conversations continuent, les apostrophes se
croisent.

L'orchestre prélude au milieu du bruit. Tous

crient de faire silence, ce qui redouble le vacarme.

Le rideau se lève enfin sur un décor arabe. Madeleine, magnifiquement vêtue, se regarde dans un miroir d'argent. Elle est distraite ; une larme perle à ses longs cils. Soudain, la belle courtisane jette son miroir, arrache ses bijoux, déchire sa robe et s'affaisse, suffoquée par les sanglots. Judas entre, elle le repousse ; elle aime Jésus !... elle veut s'épurer à la flamme de ce divin amour... Judas la quitte avec une expression de jalousie furieuse. « Je me vengerai ! » s'écrie-t-il en sortant.

— Prends garde ! nous te tuerons ! hurlent de naïfs spectateurs.

Changement à vue. Le Christ fait ses adieux à sa mère. Marie, torturée par de douloureux pressentiments, veut s'opposer à son départ. La toile du fond s'ouvre : le purgatoire apparaît, peuplé de choristes qui chantent leur infortune. « Mère, dit Jésus, ces âmes souffrent, je dois les délivrer. »

Toutes les scènes de la Passion se succèdent tour à tour. Une des plus remarquables est la « Flagellation ». Lorsque, accablé sous les coups de verges que lui administrent de forts gaillards, le Christ faiblit et tombe, un grand brouhaha remplit la salle. Des spectateurs se dressent sur leurs fauteuils et poussent de terribles rugissements.

—Misérables ! crient-ils aux bourreaux, nous vous attendrons à la sortie ; vous ne nous échapperez pas !

La Passion.

Un soir, à la scène de la Résurrection, le Christ, sanglé trop bas, fut enlevé les jambes en l'air. Vu de dos, le malheureux acteur, — qui remplissait, du reste, très-convenablement ce rôle, — écartait les cuisses et serrait les mains, espérant encore produire son effet. On le hissait par saccades. Sa perruque et sa couronne d'épines étaient tombées sur un ange. Sa robe blanche, rabattue comme un parapluie retourné, découvrait son pantalon de ville retroussé jusqu'aux genoux. Une petite pièce, rapportée sur l'hémisphère gauche, était d'un comique irrésistible. Pris d'un fou rire, le public criait : *Fuera! fuera!* Mais l'artiste ainsi suspendu ne pouvait sortir, ce qu'il eût fait sans doute de grand cœur.

Pendant un entr'acte, j'allai dans les coulisses. Le Christ, — sa robe violette relevée entre les jambes, sa perruque posée de travers, — avalait une tasse de chocolat; Judas dévorait deux œufs frits; Madeleine roulait une cigarette; saint Jean racontait une histoire légère à de jolies danseuses... Et dire que le public prenait tous ces personnages au sérieux!... Trop au sérieux même, car, après le spectacle, le pauvre Judas, qui louchait horriblement, ce qui le rendait encore plus antipathique, était obligé de sortir par une porte secrète, le visage dissimulé sous sa cape, et de fuir à toutes jambes pour éviter les injures et les mauvais traitements d'une foule stupide. Les vieilles femmes crachaient en le voyant.

Jésus, au contraire, se dérobait aux ovations. Ceux qui le rencontraient dans la rue se signaient et baisaient les basques de son habit.

Les évêques de Barcelone et de Madrid interdirent cette pièce.

Plus tard, un saltimbanque obtint l'autorisation de la représenter en une série de tableaux vivants. Les personnages des saintes Écritures coudoyaient dans sa baraque les héros de la comédie italienne. A la fois directeur, acteur et charlatan, il n'était pas rare de le voir sur les places, en costume de Christ, vendre des chaînes magnétiques infaillibles contre les morsures des chiens enragés, le choléra, le typhus, la teigne et tous les maux qui martyrisent le genre humain.

III

LA VILLE

Les chapelles sont aussi nombreuses à Valence que les saints dans l'almanach. On y rencontre au moins autant de prêtres que d'habitants. Les pajes de l'évêque, enveloppés dans un manteau de capellan bordé de rouge et coiffés d'un chapeau quadrangulaire, vont par deux et trois cents dans les rues.

La plus grande « attraction » de la ville est le Marché. Je n'en connais pas de plus abondant. Les gourmets y trouvent tout à bas prix : oranges, dattes, grenades, melons, mûres, pastèques, ananas, piments, aubergines, choux-fleurs, artichauts, asperges, petits pois, oignons d'une grosseur extraordinaire, canards, bécasses, halbrans, râles, coqs de mer, oies sauvages, anguilles, calamars, langoustes, huîtres, almejas, homards, crevettes énormes, poissons argentés, rouges, bleus, verts, frétillants, bizarres. Il ne manque à tous ces comestibles qu'un cuisinier français.

Le costume des marchandes se compose d'une jupe de laine, d'un corset en cuir vert et d'une chemisette à manches bouffantes, brodées au bord, d'où se dégage le bras nu. Leurs cheveux sont roulés sur les tempes en forme d'oignon brûlé. De longues épingles d'or, ornées d'émeraudes, maintiennent le chignon. Un mouchoir de soie protége le cou. Quelques-unes égorgent des poules, tout doucement, le sourire aux lèvres. Elles promènent leur couteau comme un archet sur l'artère ouverte. Le sang tombe goutte à goutte. Pendant cette horrible opération, qui dure plusieurs minutes, la malheureuse bête, agitée de mouvements convulsifs, ne cesse de se plaindre.

Les marchands d'épices, la tête couverte d'une montera moyen âge, un tablier vert déployé sur la poitrine et la culotte plissée, sont assis devant des montagnes de poivre rouge. Parfois un coup de vent soulève la poudre traîtresse, tout le monde éternue autour de leur étalage ; eux, impassibles, ne sourcillent même pas.

Sous les arcades et sur la place, des flâneurs bavardent à perte d'haleine. Leur foulard arrangé en pyramide sur le front rappelle la coiffure des anciennes poissardes du faubourg Saint-Marceau. Sur leur épaule est jetée la mante grise rayée de bleu, souvent toute rouge. Ces hommes sont robustes, courageux, mais aussi laids que faux et sanguinaires. Leurs nez, trop longs ou trop courts, toujours pointus, ressemblent à des éteignoirs taillés à la navaja.

Dans une dépendance du grand marché, des femmes, la poitrine entièrement découverte, allaitent de petits chiens, au milieu de badauds qui contemplent cette amusante exposition de seins de toutes grosseurs et de toutes formes, blancs ou bruns, allongés en battants de cloche ou gonflés en citrouilles. Les caniches tettent avec des airs penchés, des caresses de pattes très-comiques. Je n'ai jamais eu l'explication de ce singulier allaitement, qui se fait en public, sans vergogne.

Sur la place du Marché s'élève la *Lonja,* vieux monument de style gothique pur, qui sert de halle à la soie.

En face est une église de style churrigueresque, où l'on remarque un débordement d'ornementations du goût le plus rococo.

Signalons encore la grande tour octogone, *el Mi-guelete,* du sommet de laquelle on jouit d'un splen-dide panorama. A côté, devant la porte de *los Apos-toles,* ouverte à l'un des bras du transept de la cathédrale, se tient le « tribunal des eaux ».

Les Maures ont fait un travail colossal : ils ont établi un système d'irrigation qui s'étend à toute la *Huerta*. Des canaux sillonnent la campagne et per-mettent d'arroser alternativement chaque terrain particulier. Le Valencien peut compter sans la pluie. Les fleuves vidés circulent dans les jardins, les rizières sont complétement noyées. A l'Albufera, on les traverse en barque. Le soir, on dirait une mer calme.

Huit syndics nommés par les paysans composent le tribunal. Leur décision est respectée. Ceux qui sont condamnés à l'amende pour avoir pris des eaux au détriment de leurs voisins, la payent séance tenante.

Cette institution, dont l'excellence fut reconnue par Napoléon Ier, remonte au dixième siècle.

IV

SAN VICENTE FERRER

La maison de San Vicente Ferrer est curieuse. A gauche du patio, un petit escalier de bois bordé d'azulejos arabes, conduit aux appartements. A droite, la statue du saint est placée au-dessus d'une fontaine. Elle est en bois colorié. Ses yeux d'émail sont plus grands que nature; sa barbe et ses moustaches en croc, peintes en noir, sont vernies comme une visière. Une collerette Louis XIII, en vraie guipure, tombe sur ses épaules étroites. L'une de ses mains rouges et luisantes tient une croix, l'autre un bouquet de fleurs artificielles.

Dès qu'on pousse un bouton de cuivre, une eau limpide s'échappe d'un robinet de zinc. Cette eau, paraît-il, guérit toutes les maladies contagieuses. Des groupes de pouilleux vont sans cesse y boire dans un gobelet rouillé, fixé par une chaînette.

San Vicente, patron de Valence, a fait plusieurs miracles.

On raconte qu'une Juive en était amoureuse. « Tu veux m'épouser? lui dit-il; suis-moi. » Il se couche en travers d'un grand feu et, souriant, il ajoute : « Viens; si la flamme ne te consume, je serai ton mari. »

Un maçon tombe de son échafaudage. San Vicente lui fait signe de s'arrêter : le maçon reste suspendu dans l'espace. « Si tu as la foi, lui dit le saint, demeure en l'air, *tandis qu'on ira chercher une échelle;* sinon, continue ta chute. » Le pauvre diable, qui sans doute n'allait pas à confesse, se broya sur le pavé.

Tous les cent ans, Valence organise, en l'honneur
de son patron, une fête dont la splendeur ne saurait
être dépassée. L'Église y déploie toute sa pompe.
Châsses criblées de pierreries, tissus d'argent et de
soie, précieuses reliques, vierges constellées de
diamants, toutes les merveilles du trésor sont exhi-
bées dans la rue. Douze hommes portent la *cruz que
no descanza ;* s'ils la laissent tomber, ils payent
une forte amende, et la croix appartient à la paroisse
dont elle a touché le sol. D'autres promènent saint
Christophe, figure gigantesque habillée en Maure,
qui a sur le dos un Enfant Jésus colossal, à la main
une énorme massue. Les personnages bibliques
défilent sur deux rangs. En tête marche Josué, vêtu
d'une jupe en lamelles de métal et d'un maillot
rouge semé d'écailles, chaussé de bottes jaunes
à glands d'or et coiffé d'un casque en fer-blanc sur
lequel un immense dragon aux yeux saillants, au
corps dentelé comme une scie, darde une affreuse
langue découpée en flèche. Il élève un soleil de
cuivre, qu'il arrête du bout de son épée flamboyante,
à la manière d'un collectionneur qui pique un papillon au mur. Après lui vient Mathusalem, coiffé
d'un turban et vêtu d'une soutane pensée par-dessus
une demi-jupe en damas jaune. Sa barbe descend
jusqu'aux genoux. Il avance tout courbé, par saccades, à la façon des écureuils, appuyé sur une canne
en crosse d'évêque. Les autres suivent, richement

costumés. Au milieu du cortége, un bonhomme en casquette et veste grises fait des tours d'équilibre. Écartant les bras et pirouettant sur le pied gauche, la jambe droite levée, il tient, tantôt sur le menton, tantôt sur le nez, une statuette de saint Joseph peinte en rouge et bleu vifs, agrémentée de rubans qui flottent à la brise.

Tous les corps d'état contribuent à la magnificence de cette procession. Ils y figurent sur des chars ornés de guirlandes, que traînent des bœufs à pieds et cornes dorés, couverts de broderies et de fleurs. Les cordonniers jettent à la foule des souliers d'enfants, de poupées et de femmes ; les confiseurs des bonbons ; les charpentiers des jouets ; les boulangers des pains de toutes formes. Ces petits cadeaux occasionnent naturellement beaucoup de désordre ; mais la fête n'en est que plus attrayante et plus pittoresque.

Une procession annuelle, moins importante que celle du centenaire, a lieu le jour de la San Vicente. Tous les quartiers de la ville se cotisent pour élever dans les rues de beaux reposoirs sur lesquels des jeunes gens costumés représentent les principales scènes de la vie du saint.

Persécuté par ses compatriotes, le patron de Valence quitta son pays et secoua la poussière de ses sandales avant de traverser la frontière française.

Plus tard, les Valenciens repentants firent venir son cercueil pour rendre à sa dépouille les honneurs qui lui étaient dus ; mais comme san Vicente avait juré de ne pas rentrer en Espagne, un apôtre prit sa place. Quand on ouvrit la bière, on y trouva saint Paul !

V

LES ENVIRONS

Il est imprudent de se promener seul dans la merveilleuse Huerta de Valence. Le voyageur qui s'attarde sur les routes s'expose à recevoir un coup de fusil. Lorsque le paysan ne lève pas de gibier, il tire sur les personnes pour se faire la main.

Dans la petite ville d'Alcira, des plaques de faïence sont scellées dans le mur à chaque coin de rue. On y lit, au-dessous d'une croix, le nom d'un homme assassiné. Beaucoup de jeunes gens périssent victimes de rivalités amoureuses.

De loin en loin, des maisonnettes surmontées d'une croix rustique bordent la route. Leur toiture touche presque le sol : on dirait des ruches.

Presque toutes les églises sont couvertes de tuiles bleues.

VI

L'ÉCOLE DU COUTEAU

Les Valenciens ont l'habitude de se réunir dans les *tiendas de vinos*. Ils s'y livrent à des jeux de la plus sauvage originalité.

Après avoir vidé plusieurs bouteilles, parlé longuement de tout et de tous, ne sachant plus que faire ni que dire, ils sortent de leurs poches de petits couteaux de bois lamés de plomb, et, se plaçant à quelque distance les uns des autres, s'envoient des coups de pointe dans le ventre. Une ficelle attachée au manche permet au joûteur de ramener son arme.

Les vieillards se rangent en cercle et donnent des conseils.

L'avouerai-je ? ce qui m'a le plus profondément étonné dans ce pays à surprises, ce sont les vieillards qu'on y rencontre. On se dit : « Il y a donc des Valenciens qui vivent longtemps et meurent sans être tués ! » Cette pensée réchauffe et rassure ; elle est un rayon d'espoir dans le sombre inconnu.

Attaques et ripostes se succèdent vivement. Les simulacres de couteaux se croisent, sifflent, frappent, rapides comme des flèches.

— Pare cette botte !

— En plein ventre... bien touché... Prends garde !
je te la rends !

— Manqué !

— Maladroit !

Cet innocent exercice ne leur suffit bientôt plus,
ils engagent la lutte avec de vrais couteaux, mais
sans se faire d'autre mal que de légères égratignures.
Parfois cependant ils s'échauffent, se défient et
s'ouvrent d'horribles entailles.

Plus un homme a le visage troué, couturé, bala-
fré, plus les femmes l'admirent.

— *Qué hermoso !* « qu'il est beau ! » s'écrient-
elles.

Nos Parisiennes n'en diraient pas autant.

Un jour, dans une de ces tiendas, trois jeunes
gens voulaient jouer leurs consommations et n'a-
vaient pas de cartes. L'un d'eux émit cette atroce
idée :

— Celui d'entre nous qui poignardera le premier
passant ne payera rien.

Ses camarades acceptèrent.

La première personne qui s'offrit à leurs coups
fut une femme. Je vis tomber la malheureuse.
Si je l'avais précédée au lieu de la suivre, je tombais
à sa place.

VII

LE TRAIN DU « BOTIJO »

Chaque été, la Compagnie du chemin de fer de Valence organise un train de plaisir pour Madrid. Le voyage, aller et retour, ne coûte que cinq francs.

Les Valenciens partent en masse. Hommes, femmes, enfants, vieillards, sont empilés avec leurs bagages dans des wagons découverts. Tous, jusqu'aux bébés qui se traînent sur trois pattes, ont à la main un *botijo*.

Le nombre des voitures n'est pas assez considérable pour contenir tout ce monde; n'importe, on s'arrange comme on peut. Les gamins se blottissent sous les banquettes, les jeunes gens se tiennent debout, les femmes se couchent sur les pieds des *abuelos*, les jambes en l'air, dressées contre les malles. En avant! Les provisions s'entament, les botijos se vident, les guitares grincent, filles et garçons simulent des bals, sans bouger de place, avec des contorsions de bras, de têtes et de hanches. Au diable la retenue, vive la gaîté! Les vieux ferment l'œil et... et nous aussi. Tout se passe en famille; honni soit qui mal y pense!

Ces voyageurs ont deux jours pour visiter les

curiosités de Madrid. Ils se promènent dans les rues par bandes, avec leurs botijos, leurs couvertures et leurs matelas. Rien ne les gêne, pas même les passants qu'ils bousculent.

La nuit, ils s'entassent le long d'un mur et ronflent à la belle étoile.

Les quarante-huit heures écoulées, ils retournent à la gare. Souvent la cloche du départ tinte, et l'on voit encore, en dehors des voitures, des jambes qui ne peuvent entrer. Un employé les pousse et ferme. En route, la cohue!...

Ces mêmes wagons servent pour l'hiver. La neige tombe, la bise siffle, on gèle dedans comme en pleine Sibérie.

La Compagnie, qui n'y regarde pas de si près, les appelle toujours « trains de plaisir! »

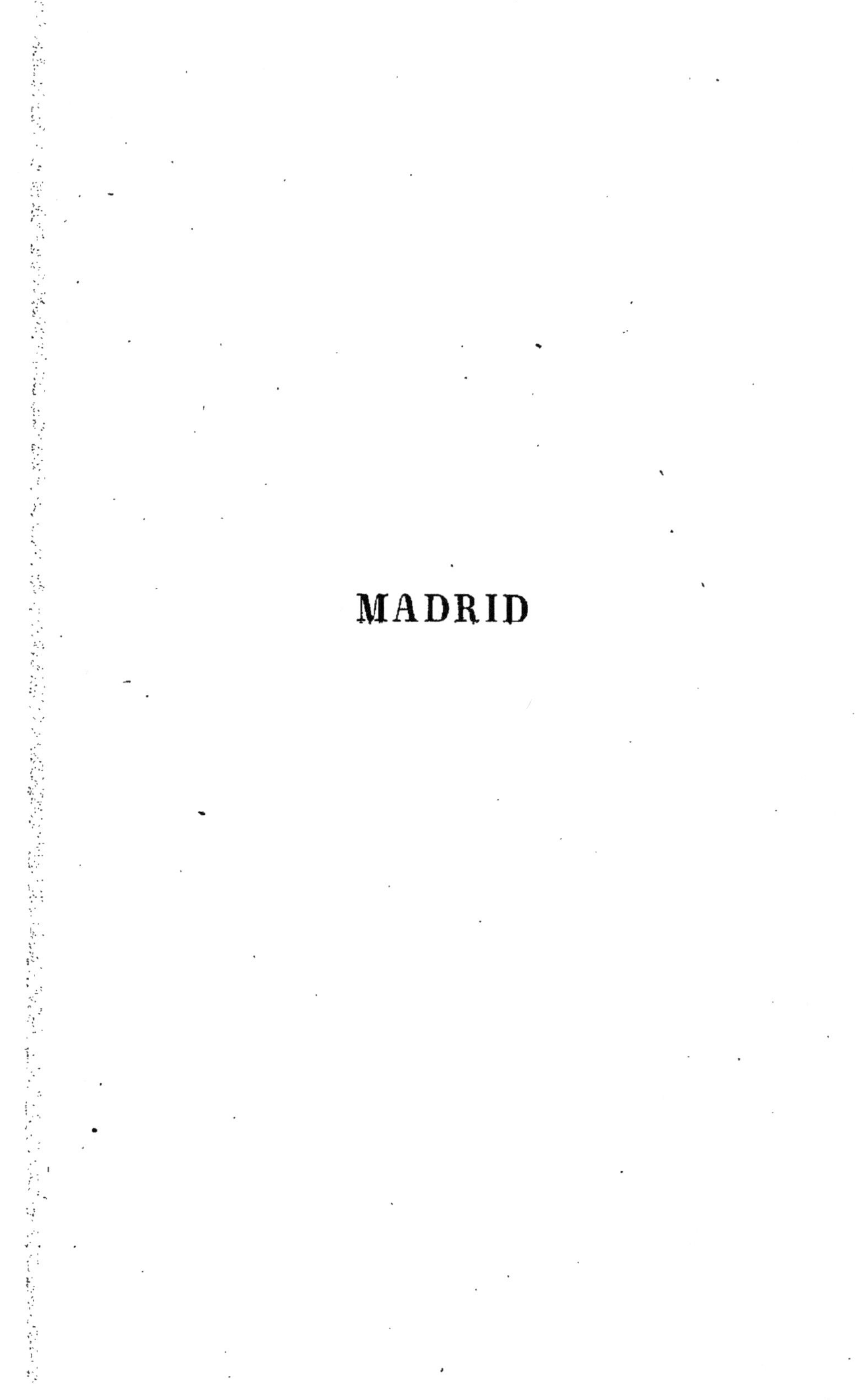

MADRID

MADRID

I

DE VALENCE A MADRID.

Dès que nous avons franchi les rizières, la campagne change d'aspect, la culture n'est plus symétrique. Nous passons à Jativa. Enfermée dans ses murs crénelés, la ville arabe s'élève du pied à la crête d'une haute montagne que couronne une vieille forteresse. Nous traversons des champs d'orangers en fleur qui parfument l'air. La voie commence à décrire de nombreuses courbes sur un terrain accidenté, crevassé, rempli de fondrières. La locomotive avance avec prudence, comme à tâtons. De chaque côté poussent des bouquets d'arbres extravagants; ailleurs, se creusent des sablières jaunes. Le train s'arrête par moments, on ne sait pourquoi. Nous contemplons à loisir le clocher et les maisons de Jativa, qui se découpent en tons éclatants sur un ciel bleu obscur. Toutes les gammes du vert se détachent en grandes lignes

autour de la ville, depuis le vert-gris tendre jusqu'au vert le plus sombre, produit par des massifs
d'arbres. Parfois, de gros nuages coupent la cime
des montagnes et projettent un arc-en-ciel qui
éclaire de ses lueurs irisées une partie de la plaine
bleuâtre. La locomotive avance toujours avec lenteur
et va chercher des *pueblos* que nous croyions avoir
dépassés depuis longtemps. Le chemin monte et
descend, frangé d'arbustes rabougris qui jaillissent
des crevasses de pierres énormes. Certains tons
gris-vert rappellent les paysages que Velazquez pla-
çait comme fond dans ses portraits équestres. Nous
arrivons le soir à Almansa. Une immense roche se
détache en scie sur le ciel étoilé. A Albacete, des
marchands nous offrent des *navajas,* des *puñales* et
des *cuchillos*. Le matin, nous sommes dans la Nou-
velle-Castille. Le seul accident de la plaine est un
ormeau à tête arrondie, à tronc recouvert de feuilles.
On le voit de dix lieues; on l'aperçoit encore après
quatre heures de voyage en chemin de fer. Il n'en
existe pas d'autre. Les Castillans n'aiment pas les
arbres : ils prétendent *qu'ils font trop pleuvoir!*

Nous entrons dans Madrid.

Après toutes les villes que nous avons visitées, la
capitale espagnole ne nous offre aucun monument,
aucune église vraiment dignes d'intérêt. A l'ouest
se dresse le *Palacio Real,* construit en granit rouge
et en pierre blanche de Colmenar. Les vastes fa-

çades, que la déclivité du sol rend inégales de hauteur, sont flanquées de pavillons saillants ornés de colonnes ioniques ; des pilastres à chapiteaux doriques décorent les parties en retrait, de grands vases sont placés sur la balustrade de pierre qui couronne l'édifice.

Tout étranger qui arrive à Madrid est exploité par une multitude de drôles sans aveu. Si vous avez parfois frissonné d'horreur en lisant qu'un pauvre hère fut tiré à la queue de quatre chevaux indomptés, plaignez le malheureux qui descend de wagon sans être initié aux procédés de ces pillards. A peine a-t-il mis le pied dans la gare, qu'il se voit entouré et tiraillé dans tous les sens par cinquante individus indomptables.

Tous en veulent à sa bourse ; et, certes, elle sera bientôt vidée s'il n'a la sagesse de débattre le prix de la moindre des choses. Un commissionnaire ne craindra pas d'exiger quinze francs pour le transport d'une malle ; un logeur fera payer quarante réaux par jour une chambre dégoûtante, sans autre meuble qu'un lit où l'on n'ose se coucher dans le plus simple appareil ; quant aux maîtres d'hôtel, caramba ! quels hommes avides de fortune ! Un pressoir de la Normandie ne ferait pas rendre plus de cidre aux pommes qu'ils ne font rendre d'or aux voyageurs.

Gare aux poches dans les rues ! Sûrs de l'impu-

nité, les filous y plongent les deux mains sans réserve. Si vous voulez que justice soit faite, saisissez
le coupable à la gorge et reprenez votre bien ; sinon,
plus d'espoir de le recouvrer. Surtout, ne portez
aucune plainte, car vous perdriez, outre l'argent
qui vous a été volé, celui que vous dépenseriez en
poursuites. La justice ne poursuit qu'aux frais du
plaignant ; singulière législation !

Jean Hiroux, après avoir tué père et mère,
demanda l'indulgence des juges en sa qualité d'or-
phelin. Les tribunaux espagnols l'eussent acquitté.

Intentez-vous des procès ? Ils se promènent de
carton en carton, avec la lenteur des chars de nos
rois fainéants. Je connais un avocat qui a plaidé
deux mille causes : les juges délibèrent encore sur
la première. C'est à faire regretter Brid'oye, qui rendait la justice au sort des dés !

Nous descendons à la *Puerta del Sol*, large carrefour dont les Madrilègnes sont très-fiers,—j'ignore
absolument pourquoi.

II

LES MUSÉES.

I

ACADÉMIE DE SAN FERNANDO

Murillo. — *Sainte Élisabeth de Hongrie soignant les teigneux* est une des plus belles pages du maître que possèdent les musées de Madrid. La reine a un superbe caractère religieux. Elle est d'une exécution fine et d'un coloris sympathique. Ses mains, d'une blancheur rosée, sont admirables de simplicité. Elle presse la tête couverte de plaies d'un jeune mendiant dont la facture rappelle le *Pouilleux* de la galerie du Louvre. A droite, un autre teigneux se gratte énergiquement, avec une grimace accentuée. Son corps est enveloppé de loques d'un ton harmonieux. Les figures accessoires, entre autres la vieille femme assise sur les marches du premier plan, sont librement traitées. La donzelle brune qui tient un plateau chargé de fioles, d'onguents et d'emplâtres, est de la facture des Murillo de Séville. Les gris sont généralement maniés avec une science extraordinaire. Le vase de métal blanc, qui reçoit l'eau du lavage, est d'une singulière fermeté d'exé-

cution. Le mendiant assis à gauche est [d'un ton un
peu terreux ; en totalité, la figure est lourde et trop
petite. L'architecture qui forme le fond est d'un
dessin serré.

Fondation de Sainte-Marie Majeure : deux tableaux désignés sous le nom de *Medios puntos*.

L'un représente un homme et une femme endormis, qui voient en songe la Vierge et l'Enfant-Dieu.
Enveloppée dans ses contours par une auréole un
peu safranée qui se mêle sur les bords aux gris du
ciel, et que repousse la lourde draperie du fond, la
Vierge, vêtue d'une robe d'un blanc argenté, est
peinte comme toutes celles du maître sévillan. Les
personnages endormis sont d'une exécution ferme
et de la bonne époque de Murillo. Les accessoires
sont remarquables, — le chien surtout.

L'autre tableau figure les mêmes personnages en
habits de fête. Le costume obscur de l'homme produit une opposition vigoureuse à la robe gris-
citronné de la femme. Tous deux sont agenouillés
sur les marches d'une sorte de trône d'où les ques-
tionne d'un air sceptique un cardinal assis. Un
vieux prêtre chauve ajuste, en clignotant, un binocle
sur son nez légèrement aviné. Deux ou trois autres
figures sont baignées dans l'harmonie du tableau.
Au fond, dans un paysage gris-bleu, serpente une
longue procession à travers les accidents du terrain.
Un dais, porté par des acolytes, passe sous l'appari-

tion d'une petite Vierge enveloppée dans une gloire. Cette peinture, nettoyée trop souvent, a malheureusement beaucoup souffert des restaurations.

ALONSO CANO. — *Un Christ en croix,* svelte, élégant, se détache sur un horizon embrasé par le soleil à son déclin. Le reste du fond est d'une teinte brun obscur.

RUBENS. — Une *Chaste Suzanne,* d'un dessin très-exagéré, mais d'une harmonie très-fine.

RIBERA. — Un *Saint Antoine de Padoue,* fort beau.

TIEPOLO. — Une *Tête de vieillard,* très-bizarrement faite.

ZURBARAN. — Quatre magnifiques *Portraits de moines.*

GOYA. — La *Maja* habillée est d'une liberté d'exécution extraordinaire et d'un blanc gris excessivement délicat. Vêtue d'une jupe serrée sur les cuisses, qui laisse deviner les formes, elle est couchée sur deux oreillers longs bordés de dentelles, la tête nonchalamment appuyée sur les bras, les jambes tendues, un peu en raccourci. Une ceinture rose entoure la taille et fait ressortir la gorge, légèrement écartée, sous une claire chemisette. L'indication des chairs est d'une délicatesse exquise. L'expression du visage est provocante, l'œil malicieux. Les lèvres, très-colorées, sont relevées au coin par un sourire. Les sourcils, minces, arqués,

paraissent noircis au charbon. La chevelure encadre
librement le visage ; quelques mèches aérées dissimulent l'emmanchement du cou. Une veste jaune
brodée de soie noire à jour sur les épaules, complète le vêtement. Toute la figure repose sur un flot
de batiste qui recouvre un divan vert émeraude. Le
fond, gris obscur, ajoute à l'éclat général de la
femme.

La *Maja* nue — ou plutôt déshabillée — est la
même. La gorge semble respirer : elle est d'un modelé qui peut défier les plus grands maîtres. La
taille est un peu allongée. Le raccourci des jambes
choque au premier abord ; il les fait paraître courtes
pour le torse. Les pieds sont d'un dessin serré ; le
ventre et le bras sur lequel repose la tête, d'une
finesse de ton et d'un modelé remarquables.

Raphaël Mengs. — Une *Femme* du siècle passé,
qui tient un masque rose presque aussi fardé qu'elle,
se détache sur un fond gris harmonieux. Derrière,
perché sur une balustrade, un perroquet bleu et
rouge paraît répondre à son sourire. Elle est vêtue
un peu comme les majas. Une résille noire couvre
sa chevelure poudrée, un petit chapeau, coquettement posé sur le côté de la tête, lui donne un aspect
gaillard. Le visage est pétillant d'esprit. Un corsage
gris à manches plates serre la taille ; sous la jupe
courte, très-agrémentée, s'avance un pied minuscule chaussé d'une mule pointue à talon élevé.

Ce peintre célèbre a, dans la galerie française, des portraits de femmes poudrées qui sont toujours dans une harmonie grise extrêmement fine.

CLAUDIO COELLO. — *Le Triomphe de saint Dominique*. Le moine est agenouillé parmi des figures allégoriques, devant la Vierge qui lui apparaît dans une gloire. Près de lui est son terrible emblème : la boule du monde brûlée par une torche que tient dans sa gueule un chien enragé.

II

MUSÉE DU FOMENTO

Dans les galeries du ministère des travaux publics sont beaucoup de toiles médiocres et d'affreuses croûtes modernes, très-appréciées à Madrid.

CARDUCCI. — *La Vie de san Bruno*, très-bonne composition. Un des épisodes les plus terribles est la résurrection. Le cadavre se lève sur le catafalque, les deux mains jointes, le regard fixe. A travers les lèvres bleuies entr'ouvertes, on voit l'intérieur d'une bouche profonde. Les personnages qui l'entourent sont stupéfiés.

Un autre tableau figure des moines blancs enchaînés dans toutes les positions.

GRECO. — Quelques toiles de composition extravagante. L'une représente *Jésus baptisé par saint Jean-Baptiste.* Les bonshommes ont, au moins, dix-huit têtes de haut. Des groupes d'anges blonds, vêtus de bleu, qui ne laissent pas d'avoir des finesses notables, chantent les louanges du Seigneur. En haut, dans le ciel, quelques-uns touchent du clavecin, d'autres pincent de la guitare.

La *Résurrection* d'un Christ très-long, trop long, qui se détache en rose tendre dans une atmosphère bleu de cobalt. Il tient une banderole qui s'enlève à la brise. Sur le terrain bleu verdâtre obscur se tordent, comme des sangsues, des soldats aux jambes et aux bras nus, coiffés, pour la plupart, d'un casque à panache de diverses couleurs. Au bord du tableau, sur une bande de toile réservée, préparée en brun cendré, le peintre essayait ses tons : on y voit de longues touches tremblotées.

Signalons, pour finir, d'excellents tableaux de primitifs : des scènes de l'Inquisition.

III

MUSÉE DU PRADO

Dans la salle de gauche, en entrant, sont placés, parmi les œuvres des peintres de la décadence, tous les tableaux médiocres attribués à des maîtres. On y remarque des *Têtes de femmes,* du Tintoret, et le *Triomphe de Rubens,* toile dans laquelle Giordano a imité la manière du roi de la seconde école flamande.

Dans la salle de droite sont quelques Ribera très-beaux ; entre autres, un moine vêtu de gris.

CARREÑO. — Une grosse *Naine* tenant une pomme dans la main.

Un magnifique *Portrait* de Charles II, qui se détache sur une élégante draperie. De grands cheveux blonds tombent sur les épaules ; le menton est long, la lèvre épaisse, le nez pointu, l'œil bleu, dépourvu de sourcils ; les jambes sont grêles. Complétement vêtu de noir, une épée à pommeau d'acier fixée à la taille, il tient un gant de peau de daim et un large feutre noir à plumes. Les chairs sont grises et laiteuses. Deux cornipias de Venise, encadrées dans des aigles d'or, se perdent dans le gris du fond.

Portrait de Marie-Anne d'Autriche en costume de religieuse, assise à une table recouverte d'un tapis gris émeraude. Un voile noir tombe de la tête sur un froc blanc. Modelées en pleine lumière, les mains sont d'une finesse remarquable. Le visage, empreint d'ascétisme, possède toutes les qualités des plus belles choses de Velazquez.

VELAZQUEZ. — Deux grands portraits équestres.

Quelques parties des vêtements, traitées par une main étrangère, ont été nerveusement retouchées par le maître.

A côté du *Portrait en pied de Philippe IV*, est le portrait d'une de ses femmes. Les joues fardées de la reine se confondent avec les nœuds rouges de sa coiffure, d'un effet très-bizarre, qui fait opposition aux reflets argentés du visage. Les mains sont d'une exécution large. Sur une table est une petite pendule brossée avec esprit.

FRANCISCO RIZI. — Une *Scène de l'Inquisition*, très-curieuse. La toile est pleine de portraits. Charles II et la reine mère — les mêmes qu'a peints Carreño — président dans une tribune, entourés de seigneurs assis sur des gradins disposés autour de la place Mayor. De distance en distance, des groupes d'hommes portent, au bout d'une perche, un coffre noir qui contient les os d'hérétiques célèbres brûlés dans un auto-da-fé, et les effigies vêtues de *san benitos* des malheureux condamnés par contumace. Des patients font le tour de la place, accompagnés par des franciscains en frocs rapiécés de différentes couleurs, des hallebardiers et des gens de police. Arrivés devant une croix recouverte d'un crêpe, on les force à s'agenouiller. Quelques-uns résistent. Plusieurs prêtres reçoivent, dans des plateaux de métal posés sur une table, les aumônes des assistants. A gauche, sur un trône, est assis un archevêque mitré, crosse en main. Des femmes en riches costumes de cour emplissent les fenêtres. Au centre, sur deux escaliers de bois, une multitude de personnages écoutent la sentence que lit, du haut d'une estrade, un magistrat vêtu de noir. Deux patients, dont l'un a le type israélite très-prononcé, occupent deux petites tribunes élevées au-dessus de la foule. Au premier plan, on voit dans un fossé, conduits par des hommes du peuple, les ânes qui ont porté les prisonniers. On reconnaît, à l'exécution, une grande exactitude dans la ressemblance des figures.

Parcourons les autres galeries sans désigner les salles.

MURILLO. — L'*Immaculée Conception*, qu'on trouve partout, que tout le monde connaît. La tête, très-belle, est le type marqué d'une jeune Andalouse brune. Les draperies paraissent faites de *chic*. Le manteau bleu se détache un peu durement sur le jaune du fond.

Saint Bernard, vêtu de blanc, est agenouillé parmi des livres et d'autres accessoires largement exécutés. La Vierge, entourée de petits anges très-vigoureusement ombrés, lui apparaît, tenant sur le bras l'Enfant-Jésus qui sourit. Elle presse le bout de son sein droit, d'où s'échappe un mince filet qui jaillit à trois mètres de distance, jusqu'aux lèvres du moine. La tête de la Vierge est fine, enveloppée. Ce

sujet mystique est un des meilleurs Murillo du musée de Madrid.

La *Sainte Famille au petit chien,* qui fait les délices des ignorants, est une composition médiocre.
L'Enfant-Jésus a la tête ronde, le front trop déve-
loppé, et se détache durement sur un fond trop
obscur. La draperie de saint Joseph est sèchement
exécutée. La Vierge, quoique figure accessoire, est
peut-être le meilleur morceau. Le sujet principal
est le petit Jésus tenant un serin jaune, qu'il dissimule, le rire aux lèvres, à la convoitise d'un chien
blanc assis sur son derrière.

Le *Divin Pasteur,* avec son mouton plus doux
que tous les moutons du monde, est d'une exécution molle, et c'est à tort que beaucoup de personnes le classent parmi les plus belles choses du
musée.

Les *Enfants à la coquille,* que tous les Anglais
font copier et payent très-cher, sont également
d'une exécution molle. Les chevelures sont blaireau-
tées, les genoux cagneux, les chairs sans muscles,
boursouflées. Ce tableau, d'un ton cuir bouilli, est
un des moins réussis du maître.

Le petit *Saint Jean* est un peu plus fermement
peint que ces deux dernières toiles.

RIBERA. — Le *Martyre de saint Barthélemy* est
une des plus belles compositions de la troisième
manière du célèbre artiste. Les deux poignets du

saint sont fortement liés à une grosse traverse de
bois. Des hommes aux muscles énergiques le hissent par un systéme de cordes établi au sommet
d'une poutre. Un robuste bourreau, vêtu de rouge
cramoisi, lui prend les jambes pour aider à le soulever : à sa ceinture sont placés dans un étui les
couteaux qui serviront à l'écorchement. Des femmes
regardent, avec leurs enfants sur les bras. Un grand
nuage lumineux sert de fond. Les chairs du martyr
sont d'un modelé superbe, d'une couleur et d'un
éclat admirables.

JUAN DE JOANÈS. — *La Cène* ne manque pas de
qualités, mais toutes les têtes sont les mêmes.

PANTOJA. — Quelques *Portraits* d'une exécution
serrée.

VELAZQUEZ. — L'*Infant Balthazar,* à cheval sur
un poney gris brun à crinière flottante, est un joyau
de ton et d'harmonie. Son vêtement est de brocart
d'or, mêlé de noir et de gris-vert. Ganté de peau
de daim à poignets vert foncé brodés d'or, il semble
diriger avec son bâton de commandeur les nuages
blancs qui roulent dans le fond émeraudé. Une
écharpe d'un rose gris brillant, attachée en sautoir,
s'enlève dans l'air et se mêle aux reflets du ciel. La
tête, peinte à peu de frais, a toute la fierté des types
de la maison d'Autriche. De petites mèches d'un
blond cendré encadrent le visage, sur lequel est
crânement posé un sombrero noir à pompons de

marabout obscurs. L'épée bat le flanc du cheval, qui est complétement en raccourci, dans l'allure du galop. Les deux jambes antérieures relevées laissent voir le dessous du ventre, serré par une sous-ventrière double qui correspond à une selle brodée d'or, où se jouent sur le pommeau le vert émeraude et le bleu d'outremer. De grandes lanières de cuir sautillent sur la croupe et s'emmêlent aux longs crins d'une épaisse queue noire. Dans ce portrait, tout flotte, tout remue. Le terrain crayeux se termine à l'horizon par des bandes vert-gris clair, qui se perdent au pied des montagnes bleues du Guadarrama, dont la cime est nerveusement dessinée par des lignes de neige. Au second plan se dressent quelques bouquets d'arbres harmonieux, entre lesquels passent des chemins accidentés.

Le *Christ en Croix* est d'un ton tranquille, serré de dessin comme un Holbein. Posé sur une croix nettement exécutée, il se détache sur un fond presque noir. Les extrémités sont colorées par un sang cramoisi. Une grosse touffe de cheveux, couvrant la moitié du visage, tombe sur la clavicule.

Reddition de Breda (*las Lanzas*). Un groupe de guerriers, d'une vérité surprenante, est admirablement composé. La tête du marquis de Spinola a un caractère de bienveillance et d'urbanité qui ferait presque souhaiter de perdre une ville pour lui en rendre les clefs. A gauche, un cheval vu de dos est superbe. Velazquez s'est plu à faire laids et bêtes les types des Flamands. Le gouverneur paraît mal à l'aise dans ses larges bottes. Le fond du tableau représente un vaste champ de bataille où brûlent des villages. Le ciel, un peu verdâtre, semble avoir changé de ton. Une forêt de lances, tenues par les Espagnols, joue un rôle important dans la composition.

Las Meninas, que tout le monde regarde et que personne ne voit, peinture qui a besoin d'être analysée dans ses infiniment petits. On ne juge ce tableau que par le ridicule de ses costumes et la laideur de ses personnages ; on n'étudie jamais la qualité de ses tons, de son harmonie générale, de l'air ambiant qui y circule, la manière dont les gris y sont maniés ; en un mot, la qualité de la peinture, l'audace, la verve et la grande science de l'exécution. Au premier abord, les mains paraissent peu faites ; mais pour obtenir un pareil résultat à si peu de frais, il faut être un peintre de premier ordre.

Les *Nains* sont d'une exécution solide, mais après *las Meninas,* on ne les cite plus.

La *Fontaine d'Aranjuez* est un des tableaux qui échappent aux visiteurs, et c'est pourtant une des œuvres remarquables de Velazquez. De petits personnages circulent autour d'une fontaine limpide. De grandes statues lancent en gerbe des jets qui tourmentent la surface de l'eau et forment une écume blanche. Des troncs d'arbres gigantesques, auxquels s'enroulent des plantes parasites humectées, s'étendent en promenade. Sous leurs ombrages, des cavaliers galants de la cour de Philippe IV offrent des bouquets à d'élégantes précieuses. Le fond est baigné dans l'air.

Le *Portrait équestre de Philippe IV* se détache sur un paysage criblé de ravins et de bois d'oliviers. Un ciel lumineux, traversé par quelques nuages, se mêle aux montagnes du fond. A gauche, un arbre vert poudreux, au tronc robuste, fait opposition au grand cheval brun à robe luisante, aux naseaux rosés, à l'œil éclatant, caparaçonné de broderies d'or, vu complétement de profil et lancé au galop, que monte Philippe IV également vu de profil. Le monarque tient son bâton de commandeur. Une grosse écharpe de soie rouge à reflets gris, frangée d'or, est passée en sautoir sur une cuirasse noire, agrémentée de boutons de métal, très-audacieusement exécutée. Une plume brune, tachetée de blanc, flotte sur le sombrero. La tête, blonde, est d'une finesse merveilleuse.

Ésope est un vieillard pâle aux cheveux argentés, aux yeux écartés et petits, aux lèvres épaisses, au nez légèrement écrasé. L'exécution en est serrée. On pourrait l'appeler un Holbein gras. Il est vêtu d'une robe brune que ceint à la taille une loque grise. La poitrine est dépourvue de linge.

Des souliers éculés chaussent un pied dont le haut
est pris dans une guêtre étroite et plissée. D'un ba-
quet plein d'eau sortent de vieux bouts de cuir.
Velazquez a dû faire poser un savetier.

Menippe a le type prononcé d'un israélite : le nez
est long, aquilin ; l'œil petille sous le sourcil épais ;
la bouche, sardonique, tenant du satyre, est couverte par une moustache fine qui se lie à une barbe
très-accentuée ; l'oreille est rouge, le visage aviné,
la tête couverte d'un vieux feutre. Le philosophe
est drapé dans un manteau gris-bleu foncé, effrangé
sur les bords, troué çà et là. Son genou se voit au-
dessus d'une sorte de guêtre. Ses souliers de gros
cuir sont intacts. Une cruche, de vieilles brochures
et des rouleaux de pápier jauni, terminent la composition. Le tout est peint avec une grande simplicité.

Un *Nain* à chevelure abondante tombant sur les
épaules, à l'air rogue comme le chien blanc et noir
qu'il tient en laisse, est vêtu d'un splendide costume
de brocart d'or. Une grande épée, admirablement
ciselée et peinte avec quelques touches seulement,
s'embarrasse dans ses jambes. De la culotte, brodée
comme le pourpoint, se dégage un mollet chaussé
de blanc, qui pénètre dans une botte de daim jaune
en entonnoir, doublée de rouge. Ce tableau est un
peu fait en esquisse.

Les Filandières. Au premier plan, à gauche, une
jeune femme assise devant un dévidoir, allonge un

bras robuste, d'un modelé et d'un éclat extraordinaires. La main est peu exécutée. L'épaule nue,
attachée par des muscles solides, se lie à un cou
blanc laiteux qui s'harmonise avec une chevelure
vigoureuse. L'oreille, fortement colorée, fait une
opposition aux finesses du visage vu en profil perdu.
Une chemise blanche, d'une exécution très-libre et
très-accentuée, ajoute encore au modelé de la chair
enveloppée dans ses contours. A côté, au second plan,
une jeune fille, vue aussi de profil, entre par une
porte, un panier plein d'écheveaux gris à la main. La
tête a des tons de pêche d'une finesse admirable.
A gauche, une vieille femme au visage très-coloré,
coiffée d'une loque et couverte d'un vêtement noir
qui laisse voir une jambe nue jusqu'au genou, tient
d'une main rouge une longue quenouille, et de
l'autre meut un grand rouet dont on ne distingue
pas les bâtons. Ici, Velazquez a poussé le réalisme
jusqu'à vouloir imiter le mouvement. Un fort rayon
de jour bleuté entre par une fissure, passe derrière
une draperie d'un rouge éclatant, et vient inonder de
lumière la femme au dévidoir. Une autre jeune fille,
placée dans la pénombre, soulève légèrement la draperie. Un gros chat noir et blanc, entouré de pelo-
tons, dort d'un air béat aux pieds de la vieille. Au centre, complétement dans l'ombre, une troisième jeune
fille tient des cardoirs. Au fond, quelques marches
conduisent à une voûte étincelante de lumière, qui

forme un second compartiment. Sur la gauche, un violoncelle d'un dessin nerveux, exécuté avec quelques coups de pinceau, est appuyé contre un vieux meuble. A côté, sur une muraille obscure, une échelle reçoit des reflets gris. Au mur de la voûte est accrochée une tapisserie — reproduction d'un tableau de Rubens — que visitent des dames. L'une est vêtue d'une robe en soie bleue reflétée de gris argenté. Ses épaules, décolletées, laissent voir un cou rosé et une chevelure blonde contournée de lumière vive qui se mêle à l'harmonie générale. Une autre est habillée d'une robe citron passée dans l'harmonie grise, où l'éclat est obtenu avec deux ou trois touches.

.. *Le Comédien,* vêtu de noir, paraît faire une annonce au public. Il tient son manteau d'une main, à la moitié du corps ; l'autre bras est tendu vers les spectateurs. Les lèvres semblent remuer. Fièrement campé sur ses deux jambes, un pied en avant, il se détache sur un fond gris mêlé d'ocre. Il est saisissant de vérité.

Les Buveurs (los Borrachos). Ici, Velazquez est serré de dessin et d'exécution. Le torse de Bacchus est éclatant ; le visage des ivrognes rappelle un peu Ribera ; les accessoires sont d'une facture solide. Mais, dans ce tableau, Velazquez n'est pas le peintre libre ; il se préoccupé encore de l'Académie. C'est Velazquez jeune.

A deux pas, nous le retrouvons dans son *Portrait de sculpteur*, qu'on dit être Alonso Cano. L'artiste tient son ébauchoir d'une main admirable de ton et d'éclat, faite avec trois coups de pinceau. L'autre main est appuyée sur un buste à peine dégrossi. La tête est merveilleusement peinte à peu de frais. C'est du vrai jour, de la vraie lumière. Une barbiche et la moustache en croc ornent le visage. Les gris des cheveux et de la barbe s'harmonisent avec les chairs. Un col blanc entoure le cou ; un pourpoint noir serré par une ceinture de cuir, forme le costume.

Le portrait à cheval du comte duc d'Olivarès a les qualités des portraits de Philippe IV et de l'Infant Balthazar, mais avec plus de grandeur.

Antonio Moro. — Le *Portrait* de la reine Marie, première femme de Philippe II, est une merveille. La femme est laide : le front est bosselé, l'œil gris, le nez petit et rond ; les cheveux sont rares, les mains osseuses ; pas la moindre forme de gorge sous le vêtement de velours orné de perles d'une exécution inouïe. Assise dans un fauteuil carré brodé d'or, la reine tient un camélia rouge. C'est une des plus belles pages de cet admirable portraitiste.

Titien. — Deux esquisses splendides, qu'il a faites à quatre-vingts ans. L'une représente *Diane chassant Actéon de son sanctuaire ;* l'autre, *Diane repoussant une nymphe enceinte.* Admirables d'harmonie, ces deux tableaux sont d'un coloris brillant.

A l'époque où il les produisit, Titien prétendait qu'alors seulement il se sentait devenir peintre.

Citons encore la *Duchesse de Ferrari*, la *Bacchanale* et *Danaé*.

WATTEAU. — *Un mariage*. La mariée, brune piquante vêtue de blanc, est assise à une table, au milieu des personnes de la noce. Une draperie, à laquelle est fixée une couronne de roses, lui sert de fond. La scène se passe en plein air. A l'horizon se dresse un petit clocher dans un paysage émaillé de fleurs.

Promenade dans un jardin. Une grande fontaine ornée de statues et entourée d'arbres de fantaisie, lance en cascade des jets qui rafraîchissent le premier plan. De petites dames poudrées, vêtues de robes traînantes aux plis soyeux, se promènent avec d'élégants cavaliers à la jambe fine et nerveuse.

CLAUDE LORRAIN. — *Tobie et l'Ange*, sur un grand paysage doré.

NICOLAS POUSSIN. — *Faunes dans un bois*, toile très-remarquable. Sous un bois touffu folâtrent des faunes. Derrière les montagnes bleues s'épanouissent les rayons d'or du soleil couchant.

TÉNIERS. — Une admirable collection de cinquante-trois tableaux.

RUBENS. — Le *Jardin d'amour*. Des femmes vêtues de soie, accompagnées de brillants cavaliers, font de la musique parmi des Cupidons rosés et vermillonnés. Une statue de nymphe envoie de l'eau par les seins. Au fond, s'étalent des amoureux dans des poses plus ou moins extravagantes.

Rodolphe de Habsbourg et son écuyer ont cédé leurs chevaux à un prêtre qui porte le viatique et à son sacristain muni d'une grande lanterne. Ils les dirigent au passage d'un gué. Tableau humouristique.

Nymphes et satyres. Des satyres poursuivent des nymphes, qu'ils prennent à bras-le-corps dans toutes les positions. Ce tableau, l'un des meilleurs du maître à Madrid, est très-libre d'exécution et de sujet.

Les Trois Grâces sont d'un coloris excessivement fin.

Ajoutons une copie d'*Adam et Ève*, d'après Titien, et une foule d'esquisses.

Ruysdaël. — De beaux paysages.

Berghem. — Une *Pêche au filet*, qui paraît avoir vingt lieues d'étendue du premier plan à l'horizon.

Breughel. — Plusieurs toiles merveilleuses de complication et d'exécution. Coquillages, fleurs, animaux, instruments de mathématiques, galeries de tableaux, livres, cahiers de musique où l'on peut suivre à la loupe des mélodies microscopiques; tout est d'une fraîcheur et d'une harmonie incomparables. Il semble qu'il y ait la vie de dix artistes dans cet œuvre prodigieux.

Raphaël. — Trois portraits et sept tableaux, parmi lesquels *la Perle* et le *Spasimo di Sicilia.*

Albert Dürer. — *Ève recevant la pomme du serpent* et *Adam tenant la pomme.*

Jordaens. — *Le Mariage de sainte Catherine.*

Véronèse. — *Moïse sauvé des eaux :* une perle. Des femmes en costumes de la Renaissance reçoivent l'enfant rose des mains d'une servante agenouillée. Un nain vêtu moitié jaune-orange et moitié violet foncé, fait partie du groupe principal. Un nègre sort de l'eau, tenant un long panier carré. Dans le fond, des femmes rajustent leurs vêtements. Une ville italienne se déroule à l'horizon. Des rayons argentés éclairent la scène à travers des nuages bleu foncé.

VanDyck. — *Le Couronnement d'épines,* la *Duchesse d'Oxford* et la *Prise de Jésus dans le Jardin des Oliviers.*

Hemmeling. — Une *Sainte Famille,* très-remarquable.

Je m'arrête. Ce musée contenant plus de deux mille tableaux, je ne peux entreprendre de les analyser tous dans un ouvrage qui n'est point un traité de peinture.

IV

L'ARMERIA

Cet édifice renferme plus de trois mille armes et curiosités historiques.

Citons les armures de l'électeur de Saxe, de don Juan d'Autriche, de Charles-Quint et de Christophe Colomb; les épées de Boabdil, dernier roi des Maures, de Pélage, du Cid Campeador et de Fernand Cortez; le brassard d'Ali-Pacha, amiral des Turcs à Lépante, et le casque de François Ier.

Plusieurs de ces objets sont en métal précieux et d'une grande richesse d'ornementation.

III

LE SALON DU PRADO.

Le Salon du Prado est une vaste promenade limitée par les extrémités de la calle d'Alcala et de la carréra San Geronimo; la fontaine de Neptune, groupe en marbre blanc qui représente le dieu debout sur un char traîné par deux chevaux marins qu'escortent des dauphins et des phoques ; le Musée national de peinture, que nous venons de parcourir ; le monument du 2 mai, espèce de cippe que surmonte un obélisque de granit rouge, douloureux souvenir de l'occupation française ; le Buen Retiro, jardin splendide qui semble l'œuvre d'un génie des *Mille et une Nuits ;* le paseo de Recoletos et la fontaine de Cybèle, en marbre brun de Montes Claros, qui lance des jets d'eau claire sous le char de la déesse attelé de deux lions.

Je diviserai le Salon du Prado en trois parties principales : les allées des consommateurs, les allées des voitures et celles des promeneurs.

Sous les deux rangées d'arbres qui bordent la place, on a construit de petits comptoirs en bois festonné, débits où l'on prend de l'eau fraîche avec de l'aguardiente et des azucarillos. Toutes les tables qui les entourent sont sans cesse occupées, car les Madrilègnes ont toujours soif, même en hiver. Les soirées d'été sont, du reste, si chaudes jusqu'à minuit, que chacun, allongé sur une chaise ou sur un banc, sans bouger, sue comme un botijo. L'eau glacée qu'on avale sort en gouttelettes à travers l'épiderme : on se croirait fait en terre poreuse.

Les seules personnes qui jouissent de quelque fraîcheur sont celles qui circulent en voiture découverte ; mais elles ajoutent au supplice des autres en soulevant une poussière brûlante qui picote les yeux, s'engouffre dans le nez et la bouche, s'étend et plane au-dessus de la foule, nuage scintillant rosé par les derniers rayons du soleil.

L'espace compris entre les deux chaussées macadamisées où courent les équipages, et qui n'a pas moins de cinquante mètres de large, est réservé tout entier aux promeneurs. Trois rangées de siéges y dessinent des allées dont chacune a son caractère parfaitement distinct.

Dans celle qui s'étend de la calle d'Alcala à la carrera San Geronimo, s'ébattent les gamins et gamines, sous l'œil de leurs bonnes et de leurs mamans. Les uns se trémoussent, fous de joie, dans des chars ornés de drapeaux, de guirlandes multicolores et de lanternes vénitiennes, traînés par des ânes ou des chèvres que tiennent en rêne, à deux mains, de tout jeunes garçons, pénétrés de leur responsabilité, plus roides et plus graves qu'un cocher de ministre. Les autres dansent des rondes, et les nuances claires et variées de leurs vêtements leur donnent l'aspect de fleurs printanières emportées dans le tourbillon d'un vent follet. Les cris et les éclats de rire de tout ce petit monde se mêlent à la voix des aveugles, qui miaulent plutôt qu'ils ne chantent des airs arabes en grattant de la guitare, et, lorsqu'une minute de silence se fait, on entend l'eau de la fontaine d'Apollon bruire dans ses vasques et tomber en pluie fine dans un bassin elliptique où les oisillons

Le Salon du Prado.

viennent mouiller leurs ailes avant de se percher sur les grands arbres qui l'ombragent.

Dans l'allée du milieu se promènent les personnes d'un certain âge : les hommes qui parlent de politique et de *dinero ;* les mères qui cajolent leur poupon endormi dans les bras d'une nourrice de Santander, belle paysanne coiffée d'un foulard à demi dénoué, vêtue d'une jupe de couleur vive et d'un corsage à lisérés d'argent retenu par des bretelles.

Dans la troisième allée, enfin, sont réunies les coquettes et leur cour d'adorateurs. Les unes sont coiffées d'un chapeau de forme un peu exagérée ; les autres n'ont qu'un œillet rouge posé dans leur magnifique chevelure aux reflets bleus de l'aile du geai ; d'autres — et ce sont heureusement les plus nombreuses — ont conservé la mantille en fine dentelle. Sous leurs sourcils épais, l'œil noir, cerclé d'une teinte brune, lance, à travers de longs cils, des regards pleins d'effluves magnétiques. Un rire bien franc, qui a la gaieté communicative d'une chanson gauloise, entr'ouvre leurs lèvres charnues et montre des dents éclatantes qui jettent une sorte de rayonnement sur la physionomie. Les épaules, splendides, peuvent se comparer à celles de la Vénus de Milo. La main fine, grasse, souple, justifie de tous points les observations de Desbarolles. Le pied est d'une petitesse chinoise et d'une cambrure merveilleuse. Au bas de la robe, un jupon blanc tuyauté traîne avec des ondulations serpentines. Le *recogido* ajoute au mouvement des hanches, déjà si gracieux, de légers soubresauts d'une provocante mutinerie, qui sont à la démarche ce que le sourire est au visage. N'oublions pas la touche essentielle : l'éventail, qui brode ses arabesques fantaisistes sur le tout, s'ouvre, se ferme, s'agite, a son langage, comme les fleurs en Perse.

On ne saurait décrire le Salon du Prado sans parler de ces charmantes créatures qui en sont l'ornement et l'attrait, gazouillent sous le ciel bleu comme des alouettes dans un champ.

IV

LA CASTELLANA.

Les Recoletos et la Castellana sont les Champs-Élysées de Madrid. De quatre à six heures du soir au printemps et en automne, de sept à neuf en été, les piétons, les cavaliers et les équipages circulent dans les allées bordées d'arbres, de *palacios* et de massifs où le géranium, le lilas et le laurier-rose ouvrent parmi la verdure leurs pétales finement découpés et parfument l'air de leur suave haleine.

On se sent enivré dans l'atmosphère attiédie, au
milieu des froufrous de la soie, des molles caresses
de la brise, des émanations sensuelles que répandent
sur leurs pas, comme une traînée de flamme, les
sirènes espagnoles.

Tout ce monde élégant, un peu guindé, babille,
se groupe, s'observe, se salue de la main, s'embrasse
du bout des lèvres, se mord dans un sourire, semble
ne sortir que pour se montrer, exhiber des toilettes
et provoquer l'envie ou l'admiration. Il se dégage
des physionomies un sentiment *sui generis* que
j'appellerai d' « égoïsme extérieur ». La promenade
offre l'aspect d'un étalage, d'un concours de modes
où chacun se dispute la perfection de la coupe et la
richesse des vêtements.

Les carrosses vont et viennent sur deux files
serrées.

Les jeunes gens galopent à côté de la voiture de
leurs novias, qui se penchent à la portière et causent avec eux en jouant de l'éventail.

Des familles réunies en cavalcades parcourent,
ventre à terre, l'espace compris entre le rond-point
et l'obélisque qui fait pendant à la colonne du 2 mai.

Une gracieuse Murcienne, dont la chevelure d'or
s'éparpille en boucles vaporeuses et dont l'œil est
un reflet du ciel bleu, s'incline en avant, svelte
comme une libellule sous son costume d'amazone,
et rivalise de vitesse avec une Malaguègne à l'œil

noir étincelant, Vénus terrestre faite de passion et de beautés plastiques.

A droite, au delà de terrains vagues, se développent sur une grande ligne les vastes habitations, avec cour et jardin, du *barrio de Salamanca,* que desservent des *tramvias* assez semblables aux voitures de nos miroitiers du faubourg Saint-Antoine.

A gauche, tout au bout de la Fuente Castellana, est une *casa de vacas* où les promeneurs vont boire le lait écumant.

Derrière l'obélisque se déroule la campagne stérile sous un ciel orangé.

Tous les jours, les mêmes personnes, sauf quelques fastueux étrangers, météores voyageurs, se retrouvent en ce lieu mondain que traversent parfois, à la tombée de la nuit, des ouvriers en blouse qui reviennent du travail. Le contraste de ces hommes mal vêtus, dont la main calleuse et forte nourrit de pauvres familles, et de ces désœuvrés qui gaspillent leurs revenus en folles dépenses, m'a toujours étrangement frappé.

Le contraste devient horrible lorsqu'on voit le satin et le velours frôler à chaque instant des mères décharnées, affreusement pâles, accroupies sur tous les trottoirs, entre leurs enfants demi-nus.

L'Espagne et l'Angleterre ont ce point de ressemblance : la misère poignante au milieu du luxe effréné. A Madrid comme à Londres, j'ai vu partout ce tableau sinistre : les millions insultant les haillons, les pierreries s'étalant à côté de la pouillerie.

Nous tous que préoccupe l'avenir, littérateurs et savants, hommes d'État et philosophes, chacun dans notre sphère, travaillons à faire disparaître ces inégalités criantes, causes des plus terribles révolutions.

V

LE RETIRO.

Le Retiro est un immense jardin que les Madrilègnes appellent volontiers leur Versailles. Restaurant, café, tir, *casa de vacas*, maisonnettes imitées de Trianon, ménagerie, lac, fontaines, rien n'y manque. Il est un coin, près du musée d'artillerie, qui est tout un poëme ; les rêveurs et les amoureux y trouvent la solitude et les bosquets parfumés, les enfants y gazouillent sous les berceaux de treillage, les étrangers y contemplent les plus beaux types de femmes de la création.

Consacrons quelques lignes aux endroits vers lesquels le public se porte de préférence.

I

LES MAISONNETTES

La « maison du contrebandier » pourrait s'appeler n'importe comment. L'étiquette est bonne, mais rien ne la justifie, à moins qu'on ne prenne au sérieux une statuette placée au centre de la grande salle et représentant un bandit à cheval, avec sa femme en croupe. Je conseille aux visiteurs de ne pas s'en faire ouvrir la porte et d'aller tout droit à la « maison du pauvre ».

Ici, nous sommes à l'Opéra-Comique. Le décor est une chaumière de fantaisie. Au rez-de-chaussée, composé d'une seule pièce, habite une famille de trois mannequins à têtes de cire : un homme à face pâle, cloué sur son grabat par la souffrance, et sa femme, qui file, le pied posé sur le berceau d'un poupard dont la bouche s'apprête à pousser des vagissements. Le cicerone, *deus ex machinâ* de ces mannequins articulés, passe dans la coulisse, tourne une manivelle, et le malade s'assied péniblement sur sa couche, et la femme, à petits coups secs, agite la barcelonnette. Ce jeu de prince est assez ridicule. Les accessoires : jambons fumés, pain bis-blanc, fromage, andouillettes, annoncent, du reste, une aisance dont se contenterait plus d'un maigre hidalgo. L'artiste qui se propose une leçon de haute morale, qui veut remuer fortement la fibre sensible des classes élevées, ne saurait être trop réaliste. Les exemples de profonde misère ne manquent pas en Espagne. J'ai vu dans l'Estrémadure des familles affamées se nourrir de glands, expirer sous les chênes. C'est un tableau de ce genre qu'il fallait placer sous les yeux de la cour.

Un escalier conduit à deux ou trois pièces tendues de satin. L'effet de ce contraste laisse froid. Cette indigence et ce luxe étagés sont de pure convention. Cela ressemble à un conte de Perrault : — Cendrillon aux deux degrés de sa fortune.

Poursuivons l'idylle. La « maison rustique », couverte de chaume, peut se comparer à une vieille fiole terreuse qui recèle une liqueur divine. L'extérieur est grossièrement bâti ; l'intérieur a tous les raffinements de la volupté. Par un double escalier on arrive à une salle en rotonde magnifiquement meublée à l'asiatique. Une douce lumière caresse les banderoles de soie, les tapis moelleux, les panoplies luisantes, les défenses d'éléphants accrochées aux colonnettes, le tigre couché qui sommeille, les griffes ouvertes. Quand les lustres rayonnent à travers leurs cristaux, tout resplendit et flamboie, se colore et s'anime, donne l'impression d'un rêve dans une pagode. A côté sont deux boudoirs minuscules où l'ex-reine Isabelle, après avoir pris le café, s'entretenait longuement avec ses favoris.

Ces maisonnettes visitées, le cicerone conduit à la « montagne russe », que couronnent un portique et un pavillon à deux chambres d'où l'on découvre tout Madrid. Sur la ligne de Saragosse apparaît, au milieu de la campagne désolée, près de Pinto, une butte semblable à notre Mont-Valérien : c'est le point central de l'Espagne.

II

LE LAC

Vaste nappe d'eau rectangulaire, entourée de murs qui s'élèvent à la hauteur d'un siége, et d'une balustrade qui forme dossier. Toutes les principales avenues y convergent. Des arbres séculaires, dont les bras géants se tordent à travers la broderie des feuilles, plongent dans le cristal bleu leurs ombres tremblotantes. Sur un des côtés se dresse un pavillon oriental, coiffé d'une coupole comme un pacha de son turban. L'onde endormie baigne les dernières marches de l'escalier qui descend de la plate-forme antérieure. C'est le bureau de location des barques.

Les canotiers s'en donnent à cœur joie. Ils promènent de ravissantes jeunes filles, auxquelles ils fredonnent la chanson bien connue : *Me gustan todas,* puis, tout à coup, impriment de fortes oscillations qui font pousser à leurs compagnes des cris de fauvettes effarouchées. Elles, pour se venger, leur envoient, du bout de leur ombrelle, des gouttelettes à la figure.

Les amateurs de vélocipède marin tracent des sillons d'écume, vont en zigzag, tournent, manœuvrent avec beaucoup d'adresse. On dirait des tritons montés sur d'énormes escargots.

Un petit bateau à vapeur est ancré au milieu du lac.

Dé belles perspectives s'étendent à perte de vue. On a sur la tête l'azur tout plein de rayons d'or, tandis qu'au loin la neige couvre les sommets qui cerclent l'horizon.

III

LES FONTAINES

La *Fuente de la Salud* a des vertus pharmaceutiques. Les Espagnols dont l'estomac a besoin de magnésie, s'y rendent de grand matin, boivent trois ou quatre verres de son eau minérale, se promènent pendant deux heures et déjeunent ensuite avec un appétit féroce. Architecture : un robinet dans une muraille.

La *Fuente de la Reina* est une grotte au fond de laquelle l'ex-reine d'Espagne, qui lui a donné son nom, se livrait aux rêveries de Calypso.

Quant à la fontaine égyptienne, on en voit le

modèle partout. Il n'est pas un épicier enrichi qui
ne s'en fasse construire une pareille dans son jardi-
net de Bellevue ou de Meudon, entre une volière et
un massif de réséda.

IV

LA MÉNAGERIE

Quoique la ménagerie ne soit pas riche en bêtes
rares, elle a sans cesse beaucoup de visiteurs. Chaque
dimanche, elle est encombrée. Le public, en grande
partie composé de bonnes et de soldats, s'arrête
devant le lion et la panthère noire, mais surtout
devant les singes, dont un, très-comique, ne rate
jamais son effet. Il est le sonneur de cloche de la
troupe burlesque. Dès qu'il a mis en branle le battant, il saute à plusieurs reprises sur ses quatre
jambes à la fois, et toujours de fous rires saluent cet
exercice de l'amusant acrobate. Un de ses vieux
camarades, grincheux comme un concierge assoupi,
lui donne alors la chasse, et l'on assiste, durant
quelques minutes, à une course vertigineuse à travers les cerceaux, le long des cordes et sur les
trapèzes, où des guenons, paisiblement occupées
à grignoter des noisettes, sont culbutées et se
fâchent, suspendues par la queue. Les éclats de
rire redoublent et ne cessent jusqu'à la fermeture
de la grille.

VI

TYPES ET CRIS DE LA RUE.

Les types les plus curieux de l'Espagne peuplent les rues de Madrid. Esquissons-les d'un trait de plume.

Voici l'aguador qui porte, dans un panier de fer-blanc, des *cantaros* pleins d'une eau fraîche et cristalline, des carafons d'aguardiente, des verres et des azucarillos. Son commerce est très-lucratif. « *Agua! agua fresca!* » crie-t-il sans cesse ; et, toujours altérés, les Espagnols boivent à longs traits de formidables rasades. Partout, en toutes saisons, retentit ce refrain de grenouille : « *Agua! agua!...* » Les femmes, qui le psalmodient de la gorge et du nez, donnent l'impression exacte du chant de la cigale.

« *Fosforos! cerillos!* » braille le petit marchand d'allumettes-bougies ; et lorsque la vente ne va pas au gré de ses désirs, il incendie ses boîtes et pleure à chaudes larmes pour exciter la commisération des âmes charitables.

Des Catalans en culotte ronde, serrée à la taille par une ceinture violette, chaussés d'*espardenyas* et coiffés du *gorro* de laine rouge à pointe enroulée, parlent d'un ton impératif de l'indépendance qu'ils revendiquent sans cesse.

Des montagnards murciens, Kabyles par l'habit et les mœurs, étudient gravement les progrès de la civilisation.

Des Maragatos, la tête surmontée d'un chapeau pyramidal et posée sur un collet à godrons, la jaquette courte, les gamaches boutonnées jusqu'au-dessus du genou, — choisissent de grandes boucles d'oreilles pour leurs novias parées d'une coiffe de forme turque, d'une chemisette à fraise, d'un corsage brun à manches ouvertes par derrière et d'un collier de corail, entremêlé de figures saintes, qui s'enroule autour du cou, de la poitrine et des hanches.

Des Alicantais vendent des draps d'Alcoy, des limons et des dattes. Leur vêtement se compose d'un foulard noué sur la tête, d'un gilet de velours noir à boutons de métal blanc, d'un pantalon de toile retenu par une ceinture de soie rouge, d'espartilles attachées par des tresses et d'une mante à couleurs vives, bizarrement ornementée.

Des Castellonais en amples grègues, gilet sans veste et chausses sans pied, alpargates de chanvre et *ligas* de soie, marchent, alertes et rieurs, la cravate flottante et le mouchoir roulé sur le front, s'attroupent et plaisantent les gallegos, portefaix ou *mozos de cordel*, qui sont les Auvergnats de l'Espagne.

Des Mayorquins, tonsurés comme des prêtres, la chevelure taillée comme celle des pages du quinzième siècle, habillés d'une veste collante, d'un caleçon bouffant et d'un gilet très-ouvert, tirent, devant les églises, leur chapeau en poil de chat orné de glands de soie et d'or. — Leurs femmes se signent pieusement. Séparés en bandeaux lisses sous le *rebozillo*, leurs cheveux sont rassemblés en une grosse tresse et passés dans la ceinture. Leur corsage décolleté, garni de boutons de métal qu'unissent des chaînettes, laisse voir leur gorge brune qui se gonfle et frémit sous les baisers d'un collier d'or. Autour de leur fine taille court une chaîne d'argent. Femmes superbes, dévotes, passionnées, aussi ardentes en amour qu'en religion.

Des Tunisiens offrent aux bourgeois des babouches rouges, fourrées et dorées.

Des capellanes, coiffés d'un long chapeau qui a la forme d'une tuile creuse, se promènent majestueusement, pareils à des gouttières d'église ambulantes.

Un *aldeano* conduit une demi-douzaine de mules dont le corps disparaît sous d'énormes bottes de paille hachée menu, blonde et luisante. La file de ces mules, attachées chacune par la queue à la tête de celle qui suit, rappelle la jolie charge des canards gloutons, à digestion instantanée, qui, ayant avalé l'un après l'autre le même morceau de viande fixé au bout d'un fil, constituent une désopilante cordelière.

Des Manchegos passent, farouches, le sombrero calañes sur le front, le ventre ceint d'une faja garnie de couteaux d'Albacete.

Des toreros, vêtus d'un pantalon collant et d'un veston à brandebourgs, coiffés d'un chapeau de feutre mou à larges bords, causent avec des chulas endiablées.

Des Salamancains en costume tout noir, culotte étroite et souliers à boucles, large ceinture de cuir et gilet à boutons de métal, beaux hommes élancés, fins comme des sauterelles, accompagnent leurs femmes et leurs filles, dont le vêtement est couvert de riches broderies.

Un Sévillan de vieille souche déploie sa cape sur le pavé devant une gracieuse Andalouse qui passe dessus et laisse glisser entre ses grands cils, derrière son éventail, un long regard de flamme sur le galant séducteur.

De petits employés, très-correctement mis, se tiennent à la porte des restaurateurs à la mode et dînent d'un cure-dent. Ceux qui sont mariés font porter à leur femme des toilettes de duchesse. Si l'on ouvrait les poitrines de ce monde en ruolz, il en sortirait assez de pois chiches pour ensemencer trois provinces.

De nombreux aveugles, la plupart sans guide et

sans bâton, jouent de la guitare ou vendent des billets de loterie.

Place aux distributeurs de journaux ! Ils courent
de tous côtés, comptent une dizaine d'exemplaires
à chaque vendeuse accroupie sur le trottoir et repar-
tent à toutes jambes. Le concert des cris s'accentue :
« *La Igualdad !* » — « *La Discusion!* » — « *El
Combate !* » — « *El Imparcial!* » — « *El Diario
del pueblo !* » — « *La Epoca !* » — « *La Correspondencia !* » etc. Organes républicains unitaires,
fédéralistes, intransigeants, radicaux, progressistes,
isabellistes, alphonsistes, montpensiéristes, unionistes, carlistes, — toutes les couleurs et nuances de
l'arc-en-ciel politique de l'Espagne, — se confec-
tionnent et s'achètent par milliers.

Les ombres du soir tombent lentement de la voûte
azurée. Les serenos apparaissent, armés d'une
pique et munis d'une lanterne sourde qui projette
de longs rayons lumineux à travers sa lentille. Ce
sont les veilleurs de nuit. Ils ont à leur ceinture les
clefs de toutes les portes extérieures, qu'ils ouvrent
aux retardataires. S'ils sont attaqués, un coup de
sifflet les rassemble. Dans les petites villes de province, ils chantent les heures sur un ton monotone,
à peine modulé.

Attention ! les glapissements redoublent, les fausses
nouvelles, qu'éditent sans cesse des imprimeurs aux
abois, sont colportées par des légions de *muchachos.*

Messieurs les inspecteurs des mœurs du trottoir devraient un peu surveiller les feuilles volantes, prostituées de la presse.

A chaque instant retentissent dans la rue des cris qui jettent le trouble parmi la population.

— La prise de don Carlos ! Achetez, messieurs, ça ne coûte qu'un *cuarto !*

— La chute du ministère ! Détails piquants! Demandez, mesdames et messieurs, la chute du ministère !

— Lisez, âmes charitables, lisez la mort de la dynastie ! C'est émouvant et désopilant, ça fait pleurer et rire, ça intéresse depuis le titre jusqu'à la signature de l'imprimeur !

Et les promeneurs achètent les feuilles volantes — ou voleuses — et, après une nuit d'angoisse ou d'espoir, apprennent le lendemain que tout est faux.

Chacun médite alors sur les châteaux... en Espagne !

J'omets les pouilleux, que nous retrouverons partout, et termine la série des types par les soldats mendiants.

A Rome, on distribuait des terres aux défenseurs de la patrie. A Madrid, il est assez commun de voir des soldats mutilés tendre la main, implorer dans les rues la pitié des passants.

Ce spectacle remplit l'âme de tristesse.

Quoi ! voici des hommes jeunes, forts, que vous

enlevez à leur famille pour les jeter sur les champs de bataille. Ils marchent à l'ennemi d'un pas ferme, combattent avec courage pour une cause qui souvent leur est inconnue. Ils ont laissé là-bas, au village, de vieux parents qu'ils soutenaient et qui pleurent, une fiancée qui veille, l'espérance au cœur. En avant! ils oublient tout pour faire leur devoir. En avant! ils se précipitent dans la mêlée, sous une pluie de fer. En avant! le drapeau flotte et l'Espagne est menacée!...

Soudain, un obus siffle, éclate, et le brave soldat, les cuisses fracassées, tombe, baigné dans son sang. On le relève, on le transporte à l'hôpital, les médecins lui découpent les chairs et lui scient les os. Puis, quand les plaies sont fermées, que deux morceaux de bois ont remplacé ses jambes, on dit à cet homme : « Va, gagne ta vie, tu ne peux plus nous être utile. »

Que penseriez-vous d'une mère qui repousserait son fils parce qu'après avoir pris des infirmités en travaillant pour elle, il serait incapable désormais de lui rendre des services? Vous ne trouveriez pas dans votre indignation de termes assez vifs pour flétrir cette femme sans entrailles et sans cœur. Vous la maudiriez, et vous feriez bien.

La patrie est la mère commune. Elle doit la protection et le pain à tous ses enfants. Lorsque l'un d'eux, après lui avoir donné son sang et les meil-

leures années de sa jeunesse, est mis par ses blessures dans l'impossibilité de subvenir à sa propre
subsistance, elle doit le recueillir et le placer jusqu'à sa dernière heure à l'abri du besoin.

C'est au nom de la justice que je réclame une
pension ou un asile pour ces malheureux qu'un
coup de canon ou de sabre a privés de leurs membres. Qu'on ne les voie plus se traîner sur une
béquille et demander l'aumône. Qu'ils passent dans
la rue, la tête haute, fiers de leurs blessures, ces
nobles débris de la guerre, et que chacun, en les
saluant avec respect, puisse dire aux étrangers :
« L'Espagne est reconnaissante envers ses vaillants
défenseurs. »

VII

LA SAN ISIDRO.

Disons un mot du saint avant d'en raconter la
fête.

Isidro était un pauvre domestique des environs de
Madrid. Homme vertueux, d'une piété rare, il passait les trois quarts de ses journées en prière. Son
travail, du reste, n'en souffrait point. Tandis qu'à
genoux il invoquait la Providence, ses bœufs labouraient tout seuls.

Averti de ce fait insolite, son maître — un rustre sans foi — résolut de le surveiller. Il le surprit bientôt en adoration dans une petite chapelle délabrée. Furieux, il jura, tempêta, le taxa de paresse, lui cracha au visage toutes les injures qui lui vinrent aux lèvres. Puis, comme un Espagnol ne saurait parler dix minutes sans boire un verre d'eau, le maître dit : « J'ai soif. » Isidro toucha le sol du bout de son aiguillon, et, soudain, jaillit une source qui, depuis, n'a cessé de couler.

Isidro avait épousé une paysanne, Maria de la Cabeza. Quoique en se mariant ils eussent fait vœu de chasteté, — ce qui n'est pas la chose la moins extraordinaire de leur vie, — ils aimaient les enfants, ainsi que le prouve cette anecdote :

Un bébé trop curieux était tombé dans un puits. Attiré par les sanglots de la mère et les cris de sa femme, Isidro accourut, prononça quelques paroles, et l'on vit l'eau s'élever et rendre, en le berçant, le bambin, dont les lèvres roses s'entr'ouvraient pour sourire.

On construisit à cet endroit l'église de San Andrès, à côté de laquelle s'élève aujourd'hui la chapelle de l'Évêque.

Maria de la Cabeza avait une grande ferveur religieuse. L'objet de son culte était la Vierge de l'Almuneda, déterrée sous le règne de Charles II. Chaque matin, pour arriver plus vite à la niche de la madone, elle jetait sa mantille sur le Manzanarès et passait sans mouiller sa robe. Ce passage, qui rappelle celui de la mer Rouge, n'offre rien de bien merveilleux, puisque le Manzanarès débite à peine quinze gouttes d'eau par seconde et qu'il serait presque impossible de le traverser autrement qu'à pied sec ; aussi n'en ai-je parlé que pour mémoire et pour expliquer comment la sainte femme figure dans la chapelle qui porte le nom de son mari.

Cette charmante église en miniature, bâtie sur le flanc d'une colline, illustrée de belles images et dorée sur tranche, a l'air d'être éditée par la maison Mame de Tours.

Madrid fête beaucoup de saints, mais son patron plus que tout autre.

Le 15 mai, jour de la San Isidro, des centaines de voitures à quatre, cinq, six et huit chevaux harnachés à l'andalouse, partent de la Puerta del Sol, s'élancent dans la rue de Tolède et disparaissent dans un tourbillon de poussière.

Les mendiants, une des sept plaies d'Espagne, s'abattent sur les routes, plus nombreux et plus voraces qu'une nuée de sauterelles. Leurs haillons se composent de tout, comme le paletot du *cabman*, toujours les mêmes depuis un demi-siècle, quoique leur histoire ressemble à celle du couteau de Janot. Celui-ci montre ses orbites vides, celui-là un ulcère ou un moignon. Ceux qui n'ont rien à montrer crient plus fort que les autres. Impossible de leur échapper. On tourne dans un cercle de mains tendues, comme un philosophe dans un cercle de sophismes.

C'est un concert infernal, une vision hurlante, un cauchemar de la cour des Miracles.

Après avoir franchi le pont de Tolède, on se trouve sur un vaste champ de foire.

Cafés, restaurants, baraques de toutes sortes, faits de pieux et d'esteras, s'étendent dans tous les sens, à perte de vue. Des gitanas y disent la bonne aventure, se font mettre, comme indispensable à leurs burlesques prophéties, une piécette dans le creux de la main, puis se sauvent à toutes jambes.

Un saltimbanque au maillot floche, à la pose byronienne, déclame des calembredaines avec l'aplomb du célèbre Fontanarose, connu dans l'univers et dans mille autres lieux.

Une femme colosse étale ses formes exubérantes, habillée comme l'idole d'un brahmane.

Des chulas à l'œil noir, aux dents blanches découvertes par un fou rire, voltigent sur les balançoires et les chevaux de bois.

Des groupes dansent sur la pelouse, au son de guitares qu'égratignent des aveugles.

Des familles endimanchées préparent leur cuisine en plein air et la mangent avec un appétit de Kamtschadales.

Des hommes de tout âge perdent leur dernier real à des jeux de hasard.

Des voix avinées beuglent des chants bachiques.

Sur le seuil de chambres creusées dans l'argile, de vieilles femmes aux cheveux ébouriffés plongent leur main sèche dans leur poitrine et se grattent d'une façon peu rassurante.

Puis s'alignent, sur la pente de la côte, les marchands de poterie : *botijillas, jarras, alcarrazas, piporos,* vases destinés à conserver l'eau fraîche, et qu'emportent des doigts finement gantés ; les vendeurs de figurines saintes, de bœufs lilliputiens et de fleurs artificielles, jouets à sifflet qui unissent leur bruit strident au glas lugubre de cloches en terre.

Des gamins se donnent une indigestion de *roscas,* petits gâteaux ronds arrosés de sucre fondu, tandis que d'autres cabriolent du haut en bas de la colline, au risque de se rompre le cou, ce qui, du reste, arrive trop souvent.

La milice et la garde civile, à pied et à cheval, campent, entourées de cordes, sur le plateau. Le soir, elles ramènent à Madrid les filous et les assassins attachés les uns aux autres par le bras, longue chaîne dont chaque homme est un anneau.

L'église ne désemplit jamais. La foule s'y presse, s'y bouscule : c'est un écrasement perpétuel de bottes et de cors.

Tohu-bohu, joie homérique, délire assourdissant, roulement de castagnettes, accolades de capes trouées et de riches costumes, jolis minois épanouis dans l'éblouissante lumière du soleil : tel est l'aspect de la San Isidro.

Pendant quinze jours les Madrilègnes se donnent rendez-vous dans ce pittoresque village, dansent, chantent, boivent, jouent, trichent par habitude, s'éventrent par tempérament : la fête est complète.

VIII

LES COURSES DE TAUREAUX.

I

AVANT LES COURSES

Les courses de taureaux sont plus qu'un goût poussé jusqu'à la frénésie ; elles sont une nécessité, comme l'air et le feu. L'Espagnol ne pourrait vivre heureux sans elles, pas plus que le papillon sans fleurs et sans soleil.

Un fait à l'appui de cette vérité :

Quelqu'un, ouvrant la bouche toute grande, me dit :

— Il me manque deux dents ; je les ai mises au mont-de-piété.

Je partis d'un éclat de rire.

— Ne riez pas, ajouta-t-il : elles étaient montées en or

— Vous aviez faim, malheureux ?

— Non ; si j'avais eu faim, je vous aurais emprunté une piécette et j'aurais gardé mes dents pour manger. J'avais un besoin beaucoup plus impérieux. Depuis que je suis au monde, j'ai vu toutes les courses de taureaux de Madrid. En manquer une me serait impossible ; je préférerais me passer de cigarettes et de *cocidos* pendant une semaine. Or, je ne possédais pas un maudit réal pour payer aujourd'hui mon entrée.

Cet aveu naïf pourrait être fait chaque dimanche par cinq ou six mille langues. Combien de jeunes filles se privent de déjeuner pour livrer aux mains d'un coiffeur leur luxuriante chevelure et paraître pimpantes, roses sous la poudre de riz, à l'ombre ou au soleil, sur les gradins de pierre des arènes ! Combien d'ouvriers dépensent d'un coup leurs économies de la semaine pour aller applaudir les espadas les plus populaires d'Espagne : Lagartijo, Gayetano, Frascuelo ! — On sacrifie tout pour voir jaillir des tripes et couler des flots de sang.

L'aspect de la ville est très-curieux. Tout le monde est dehors, tous les visages rayonnent, les types et les costumes les plus variés, les plus étrangement pittoresques, se pressent et se poussent sur

les trottoirs. Les toreadores passent tout roides sur
des rosses étiques ; on se les montre du doigt, on les
appelle : « Ohé ! Calderon ! — Ohé ! Frances ! » et
ces braves gens tournent la tête et sourient à la foule,
fiers de leur réputation. Les voitures, lancées à toute
vitesse, se suivent, se croisent, versent parfois en
pleine rue. Je me rappelle avoir été témoin,
entre le *Café Suisse* et le *Café Fornos,* d'un
accident assez bizarre. Un fiacre, culbuté par un
tramvia, était tombé sur le côté. A travers la portière ouverte sur le ciel, s'allongeaient deux jambes
de femme qui semblaient atteintes de la danse de
saint Guy. Plus de cinq cents badauds, les uns dres-
sés sur la pointe des pieds, les autres penchés aux
fenêtres ou debout sur les banquettes des omnibus,
regardaient et riaient à se tordre. C'était d'autant
plus drôle que la femme n'avait aucun mal.

Pénétrons dans l'arène.

II

LES COURSES

Figurez-vous dix mille personnes de toute condition et de tout âge entassées dans les loges et les
gradins.

L'huissier, vêtu d'un costume moyen âge tout
noir, se présente sur un magnifique cheval andalou,

s'arrête devant la loge du gouverneur, et, tirant son chapeau orné de plumes multicolores, demande la clef de la loge où sont enfermés les taureaux de combat. Dès qu'il l'a reçue, la cuadrilla vient saluer le public.

Les trois espadas marchent en tête, suivis des chulos, des banderilleros et des cacheteros, les uns et les autres en costumes pailletés, étincelants, qui font ressortir la beauté de leurs formes et l'élégance de leur taille ; puis viennent les picadores bardés de fer, la pique au poing, montés sur de pauvres chevaux qui rappellent la Rossinante de Don Quichotte. L'huissier sorti, chacun prend son poste et surveille l'entrée du taureau.

Le clairon sonne, une porte s'ouvre, et la bête, énorme, impétueuse, bondit dans l'arène. Elle se précipite sur les chevaux ; les picadores la repoussent ; elle s'acharne, plonge ses longues cornes dans le ventre des haridelles et les retire emmêlées d'entrailles fumantes. Quelquefois, les malheureux chevaux marchent sur leurs tripes qui pendent et se vident eux-mêmes comme un œuf cassé. C'est hideux. Souvent les picadores et leurs montures sont enlevés à deux mètres du sol et jetés contre la balustrade.

Les chulos détournent alors l'attention du taureau en agitant des draperies jaunes, bleues, vertes ou rouges. Il fond sur eux tête baissée ; mais comme il va toujours droit devant lui, d'un saut de côté ils évitent le coup. Certains s'enveloppent dans leur cape et, mettant un genou en terre, la tête tournée vers l'animal, l'attendent, impassibles.

Les banderilleros s'élancent et plantent des harpons de fer dans les épaules du taureau, qui, fou de douleur, mugit, creuse le sol, soulève des flots de poussière, secoue avec rage son cuir ensanglanté.

Il est beau de voir ces hommes jeunes, lestes, courir, s'entre-croiser, tourbillonner dans le sable et les rayons du soleil, jouer avec la mort, le sourire aux lèvres.

Il arrive bien, parfois, que la bête furieuse culbute un homme parmi les chevaux éventrés, lui broie les côtes sous ses pieds, lui perce les flancs à coups de cornes ; mais ce détail, si horrible qu'il paraisse aux natures nerveuses, est le complément indispensable d'une bonne course.

L'espada sollicite enfin du gouverneur l'autorisation de tuer le taureau. A sa vue, l'animal fatigué, écumant, semble pressentir sa fin. Son œil est fixe, ses jarrets tremblent. Avec un courage et une adresse remarquables, l'espada lui plonge jusqu'à la garde, par-dessus les cornes, son glaive au défaut de l'épaule. Alors les spectateurs enthousiasmés, les bras en l'air, battent des mains, se livrent à tous les excès d'une joie homérique. Ils jettent au matador leurs chapeaux et des cigares ; tous se lèvent, la lèvre frémissante, tandis que le sauvage quadrupède tourne sur place, chancelle et s'affaisse, les jambes repliées sous le corps, comme pour s'endormir. D'une main sûre, le cachetero donne le coup de grâce, l'orchestre retentit, et trois mules entraînent au galop les bêtes roidies sur le sable.

Ce spectacle est plein d'attrait, sans doute ; mais...

Mais à cette habileté quelque peu barbare, je préfère celle des marchands d'oranges qui, de l'arène, avec une précision géométrique, lancent à l'acheteur perdu dans la foule innombrable, leurs pommes d'or des Hespérides.

III

LES COULISSES

Les toreros ont le courage et la piété superstitieuse des marins. Avant de courir, ils vont s'agenouiller dans une petite chapelle. Accroupis dans la pénombre, les mains jointes, la tête penchée sur la poitrine, ils prient avec ferveur. La lumière des cierges allume des paillettes sur leurs habits de satin et de velours brodés d'or. Vus par derrière, avec leur faux chignon retenu par une tresse naturelle, ils ont l'aspect étrange des amazones antiques accomplissant un Mystère.

Les arènes ont également une pharmacie, très-utile pour les premiers pansements dans les cas de blessures. Elle n'offre rien de particulier, je ne la décrirai pas. Mais je parlerai des soins atroces, de la vie artificielle qu'on donne aux chevaux pour les ramener au carnage, les faire tuer une seconde fois !

J'en ai vu sortir de l'arène saignés au poitrail, les flancs ouverts, les entrailles arrachées ; ils se tenaient encore debout par un miracle d'équilibre ; ils respiraient avec effort, les membres secoués par la fièvre de l'agonie... Eh bien, au lieu de les laisser crever tranquillement sur le sable, on leur bourrait le ventre de foin, on cousait les lèvres béantes de leurs plaies hideuses, on les frottait d'eau-de-vie, et, lorsqu'un picador avait essayé leurs forces en leur sautant sur les reins et les lançant contre un mur, ils étaient reconduits devant le taureau !

Les Espagnols ont dû découvrir ces raffinements de barbarie dans les traditions inquisitoriales.

IV

COURSES MÉMORABLES

Parmi les luttes mémorables livrées dans les arènes de Madrid, je citerai celle d'un taureau contre plusieurs carnassiers. On lâcha d'abord un lion. A peine eut-il aperçu le taureau, qu'il bondit, les griffes ouvertes ; un coup de tête vigoureusement appliqué l'envoya rouler au loin. Seconde tentative, même insuccès. Le roi des animaux, un peu confus, s'accroupit sur le sable et se tint sur la défensive. On lança un tigre. Le lion, reprenant son humeur belliqueuse, courut à lui; mais, souffleté de patte de maître, il se rassit tout penaud.

Les trois animaux se regardaient sans oser s'approcher, quand on leur jeta vingt-huit dogues dans les jambes. Les dogues s'adossèrent aux grilles, et il n'y eut d'autre changement que vingt-huit spectateurs de plus.

Vainement essaya-t-on, à l'issue du spectacle, de faire rentrer les bêtes dans leurs loges. On les retrouva le lendemain dans la même position, l'œil fixe, le jarret tendu.

Un combat très-curieux est celui d'un taureau contre l'énorme éléphant mort, en 1873, à la ménagerie du Retiro. Dès que le taureau s'élançait sur lui, le colosse le saisissait avec sa trompe, l'enlevait sur ses défenses et le jetait à dix mètres; puis, ennuyé de jongler, il le terrassa : deux minutes plus tard, il l'avait transformé en une bouillie sanguinolente qu'on expédia, sans doute, chez les marchands de pâtés.

Cet éléphant était terrible. Son cornac était forcé de lui tenir constamment les quatre jambes enchaînées à de gros pieux. Un jour, il rompit ses chaînes, arracha les barrières de sa loge, entra sans frapper dans la boutique d'un boulanger, mangea tout le pain, et comme il y avait des glaces et qu'en s'y regardant il ne se trouvait pas beau, il les brisa.

Une autre fois, il rencontra un lourd chariot péniblement traîné par cinq mules; d'un coup d'épaule il le renversa. Les mules, effarées, cassèrent leurs traits et prirent la fuite. Elles courent encore.

V

COURSES DE « NOVILLOS »

Les grandes courses commencent à Pâques et finissent en automne. Dans l'intervalle, on en donne de petites, qui ne sont pas moins suivies, malgré les rigueurs de la température et quoique les premiers sujets « travaillent » alors dans les provinces méridionales.

Les petites courses diffèrent des grandes en plusieurs points.

Les taureaux sont plus jeunes, et il n'y en a d'habitude que quatre « de pointe » destinés à périr sous le glaive du matador. Les autres ont les cornes tamponnées de manière à les rendre inoffensives, ce qui, du reste, n'exclut pas tout péril. J'ai vu deux hommes tués dans une de ces courses.

On commence le spectacle par une pantomime tauromachique, dans laquelle sont prodigués les bombes, les pétards et les déguisements grotesques. La bête est lancée au milieu d'une foule de marmitons barbouillés de suie, de vieux marquis goutteux, de soldats ivres comme des Scythes, de démons qui brandissent leur fourche, de singes qui se mordent la queue, de femmes en goguettes qui troussent leurs jupes et tombent sur le nez, de villageois coiffés d'un bonnet de coton, armés d'une pique et montés sur des ânes malicieux et poussifs. Tout ce monde grouille, fuit, s'entrave, culbute, cabriole à travers les coups de fusil et les coups de cornes : c'est un fouillis assez original.

Des amateurs demandent à sauter le taureau. On leur donne une longue perche, et, au moment où l'animal provoqué fond sur eux, ils s'enlèvent et passent par-dessus.

Si les *novillos* sont mauvais, le public se fâche, se lève, jure, menace, vocifère : « *Fuera !* Dehors ! A la porte ! » Les spectatrices sont terribles; elles jettent dans l'arène tout ce qu'elles trouvent sous la main. C'est une tempête de cris, un concert de hurlements. Le taureau lui-même en est ahuri; il s'arrête et regarde de tous côtés d'un air stupide. On lui plante alors des banderillas fulminantes qui lui partent dans les oreilles et lui brûlent le cuir. Affolé, il bave, mugit, fait des bonds prodigieux. Un jour, j'en vis un franchir les deux barrières qui séparent l'arène des spectateurs et s'élancer, furieux, dans les gradins. Les gardes nationaux le tuèrent à coups de baïonnette.

Il arrive que l'espada n'a pas assez d'adresse ou de courage pour mater le taureau. Dans ce cas, le public est impitoyable : il le hue, l'insulte, rugit son éternel «*Fuera! fuera!*», le mitraille d'oranges et de coussins, s'exalte jusqu'à la frénésie, trépigne, blasphème, montre le poing. Il faut, pour l'apaiser, recourir à la *demi-lune,* instrument d'acier très-affilé dont le nom indique la forme. On le place au-devant de la malheureuse bête, qui se coupe net une jambe. C'est horrible.

Au dernier taureau, un millier de spectateurs descendent dans l'arène et jouent avec lui sans crainte, comme s'il était en carton. Puis, quand les vaqueros l'ont entraîné dans sa loge, au moyen de trois bœufs au cou desquels pend une sonnette, le spectacle se termine par un feu d'artifice qui lance une pluie d'étoiles dans la pâleur du crépuscule.

Une ou deux fois dans l'année, on fait des courses enfantines. On dirait celles que je viens de décrire vues par le gros bout de la lorgnette. Les taureaux sont remplacés par des veaux, les hommes par des gamins costumés. Il est comique de voir ces petits diables courir d'abord aux refuges qu'on leur a ménagés, puis s'aguerrir, poursuivre le jeune animal, qui croit à une partie de barres, et combattre vaillamment sous l'œil du maître attentif.

Mais les courses de novillos les plus curieuses sont celles que donnent les femmes.

Vêtues d'un maillot rose et d'une jupe courte, elles ont autour de la tête un bandeau qui maintient leur chevelure, et autour du corps un tonnelet d'osier sans fond, recouvert d'une toile où sont naïvement peintes des scènes de tauromachie dans un cadre de guirlandes. De loin, ces héroïnes ressemblent à des tortues qui marcheraient sur leurs pattes de derrière.

Le costume de l'espada se compose d'une montera, d'un corsage brodé d'or et d'une jupe rouge à paillettes, très-empesée. Elle plante d'habitude jusqu'à quinze fois son glaive dans le cuir de sa victime avant de frapper juste.

Le novillo qu'elle tue, comme tous les autres, du reste, est un *novillo de bola*, c'est-à-dire qu'il a des boules aux cornes.

Des capeadores expérimentés dirigent la course.

Rien de plus bouffon que ces femmes grotesquement travesties, qui courent dans l'arène comme de gros scarabées et roulent sur le sable, montrant aux spectateurs leur maladresse et... leur maillot !

Course de novillos par des femmes.

Page 258

VI

COURSES DANS LES « PUEBLOS »

Décrivons en deux mots, pour finir, les courses données dans les bourgades, sur la place principale, qui est partout un quadrilatère formé par des maisons pittoresques, à base antérieure découpée en arcades. Les fenêtres de chaque maison sont ordinairement numérotées comme les loges d'un théâtre.

Une barrière, faite de poutres fixées à de gros pieux, sépare le public de l'arène. L'entrée générale est de cinquante centimes. Les curieux accourent de cinq lieues à la ronde, chaussés d'espadrilles que retiennent des lanières de cuir sur les pieds nus. Aux balcons trônent les notabilités de l'endroit : des têtes en pain d'épice crayonnées à la Daumier dans des faux-cols imposants.

Les taureaux de combat, habitués à ces sortes de courses, sautent, ruent, pirouettent, paraissent beaucoup s'amuser. Les aldeanos les défient, les appellent lâches, leur tirent la queue ; mais dès qu'ils se sentent menacés, ils enjambent la barrière, bousculent hommes, femmes, enfants, perchés sur les traverses pour mieux voir, et tous dégringolent, roulent, s'empêtrent, vraie salade humaine brassée par Paul de Kock.

Les esprits sont surexcités, il faut du sang. On sacrifie un veau. L'espada, qui n'est le plus souvent qu'un garçon boucher, le tue de côté, d'un coup de glaive dans les poumons !

IX

LA VERBENA DE SAN JUAN.

Il y a trois ou quatre *verbenas;* mais la plus importante est celle de la Saint-Jean. Elle a lieu durant la nuit du 24 au 25 juin, près du Musée de peinture. Son nom provient de l'étalage spécial et de la vente presque exclusive de pieds de verveine plantés dans des pots de terre rouge, et de figurines en terre cuite de saint Jean-Baptiste, coloriées, argentées et surmontées d'un soleil de carton.

Dès neuf heures du soir, une foule compacte circule entre les files de baraques, devant lesquelles des Valénciens, enveloppés dans un tablier brun ou blanc, pétrissent de la pâte, la préparent en forme de couronne et la cuisent dans des bassins d'huile bouillante. Ces gâteaux frits s'appellent *buñuelos*. Les Espagnols en sont très-friands. Ils les emportent, enfilés par douzaines à des pailles ou à leur canne, et l'on voit au-dessus des têtes des pyramides de cette pâtisserie légère s'effondrer au moindre choc sur les chapeaux lustrés.

Des Valenciennes roses et potelées servent les beignets aux consommateurs rangés autour des tables. Souples comme des couleuvres, frétillantes comme des lutins, elles impriment à chaque pas, d'un coup de hanche, de gracieuses ondulations à leur robe claire, sous laquelle des jupons bien empesés frôlent le sol avec un murmure de vague courant sur le sable. Un petit châle en crêpe de Chine jaune, vert, rouge ou blanc, semé de fleurs de soie brodées, couvre à peine leurs épaules jusqu'à la naissance des bras. Un collier de corail rouge brise les lignes antiques de leur cou poli comme l'ivoire et noué sur un torse dont les contours exquis rappellent la *Femme couchée* de Goya. Un œillet double est piqué dans leur chevelure tressée, un peu sur le côté de la tête, avec la coquetterie gaillarde d'un képi de collégien en vacances.

De temps en temps, une bouffée d'air descendue du Guadarrama, engouffre dans les narines une odeur d'huile insupportable.

Garçons et filles, riants et jaseurs, se livrent avec passion à tous les écarts des danses nationales.

Il n'y a pas de fête espagnole sans danses. Il n'y en a pas non plus sans mendiants.

Des culs-de-jatte, attachés sur des planches à roulettes qu'ils font courir en s'appuyant des mains, se meuvent au milieu de faces hideuses aux trois quarts dévorées par des cancers. Des instrumentistes sans mâchoire jouent du fifre avec le nez. Des pauvresses infirmes tournent avec rage la manivelle d'une boîle à musique d'où sort une espèce de râle entrecoupé de petits cris plaintifs. Tous ces malheureux, vêtus de haillons qui doivent marcher tout seuls, comme un fromage de Roquefort bien mûr, se frottent à la foule brillante et musquée, qui leur jette un ochavo en détournant les yeux.

N'oublions pas une autre plaie : les filous, qui rendraient des points à leurs confrères de Londres et seraient capables, je crois, d'enlever les chaussettes d'un promeneur sans toucher à ses bottines.

A minuit, la populace arrive. L'aguardiente coule à flots, étincelante et jaune comme un diamant du Brésil; les libations deviennent orgies; les danses prennent un caractère bachique; la fête se transforme en saturnales. Rires, cris, chants, menaces, se confondent dans un tumulte effroyable, jusqu'à ce que, épuisés, les groupes se dispersent dans les rues, qu'ils emplissent du bourdonnement des guitares, ou se couchent dans l'ombre. L'administration, comptant sur la lune, n'a pas allumé le gaz; la lune s'est voilée derrière les nuages, ce que n'avait pu prévoir l'almanach; les serenos promènent leurs lanternes ailleurs... le plus grand mystère règne sur la place, sous l'œil clignotant des étoiles.

Le bourgeois attardé trébuche à tout instant sur des tas de loques : ce sont des familles ivres qui ronflent avec une touchante harmonie. Parfois, de ces amas informes sort une voix de femme, et cette voix, plus agaçante que le grincement d'une scie, psalmodie le titre d'un journal très-connu, qu'on prend à petite dose, le soir, en guise d'opium, pour s'endormir.

Le soleil se lève le lendemain sur ces pauvres acteurs tombés et couchés dans un pêle-mêle aussi pittoresque qu'imprévu.

———

X

LES THÉATRES D'ÉTÉ.

L'été, chaque rue de Madrid est une étuve. Aussi les flâneurs restent-ils chez eux, allongés sur un divan, derrière leurs *cortinas*. D'autres vont barboter dans le Manzanarès. Parole d'honneur ! on se baigne dans le Manzanarès aussi facilement que dans une cuvette à moitié pleine. De larges trous sont creusés dans le sable, protégés contre les ardeurs solaires par des esteras et des toiles, et des hommes tout nus, simulant des plongeons à la

Monte-Cristo, y piquent une tête et plantent leur nez dans la vase.

Le soir, toutes les promenades et tous les squares sont encombrés. La seule brise qui caresse les visages est celle que produisent les éventails fortement secoués. On sort pour respirer l'air frais, et l'on avale un mélange de poussière brûlante et de poudre de riz. On a l'aspect d'un morceau de beurre ficelé dans une jaquette au milieu du Sahara.

Quittons la foule qui sue sous les bosquets des Recoletos et risquons-nous dans le cirque de Price, où l'on mime *Cendrillon*.

Il y avait une fois... Non, tout le monde connaît ce joli conte que les mères lisent aux enfants ravis pendant les longues soirées d'hiver. Le cirque de Price l'a monté avec un luxe de mise en scène qui ne laisse rien à désirer. C'est frais, c'est coquet, c'est mignon, c'est ravissant. Le décor du second acte est adorable comme une Madrilègne aux grands yeux noirs. Les vases de fleurs reliés par des guirlandes et coiffés de lanternes vénitiennes, sont d'un effet prestigieux. Les gamins et gamines de quatre à cinq ans, en perruque blanche, qui s'inclinent devant le trône avec les contorsions vertébrales des apothicaires de Pourceaugnac ; le prince lui-même, qui leur dit poliment : « Allez vous asseoir », avec des gestes qui envoient des baisers comme le jet d'eau de la Puerta del Sol ; tout ce petit monde seigneu-

rial donne une réminiscence du royaume de Lil-
liput. C'est la vie humaine vue en raccourci. Il faut
entendre, lorsqu'un couple fait un faux pas dans le
quadrille, les éclats de rire de la bande joyeuse ! On
dirait une volée de pierrots gouailleurs échappés
d'une cage.

Hop ! hop ! voici les écuyers, les clowns et les
chevaux... Courons au cirque de Madrid.

La salle de M. Rivas est magnifique ; les ballets y
sont montés avec un luxe parisien ; mais quels que
soient la richesse des décors, la légèreté flexible des
ballerines et le plaisir de voir deux cents jambes
danser dans les verres d'une jumelle, la chaleur ne
permet de goûter ces sortes de spectacles qu'en
plein air.

Parlez-moi du Buen Retiro. A la bonne heure ! je
peux, dans ce jardin féerique, couché sur l'herbe, le
nez dans les fleurs, lâcher la bride à mon imagination, m'égarer à travers les plates-bandes du rêve et
de la fantaisie, peupler les massifs et la scène de
houris et de sylphides, me croire en plein paradis de
Mahomet et du Vieux de la Montagne ! Les tableaux
changent au gré de mes désirs. J'évoque, selon mon
caprice, Jupiter et Minerve, Cupidon et Vénus.
Toutes les merveilles, toutes les chimères, toutes
les fantasmagories des Champs-Élyséens s'étalent à
mes yeux. La magie qu'improvise le coup de baguette
des Muses se confond avec la magie de la réalité. Les

enchantements m'enlacent dans leur folle ronde et m'emportent, sur un rayon de lune, dans l'azur pailleté d'étoiles... C'est splendide, c'est divin !

Le Buen Retiro est un véritable jardin d'Armide. Les concerts qu'on y donne le mercredi et le samedi sont excellents; les pièces qu'on y joue les autres soirs sont fort drôles, la musique militaire qui remplit les entr'actes mérite tous mes éloges.

Des jeux de toutes sortes offrent d'agréables distractions, et quand les vapeurs qui se dégagent du sol dessèchent la gorge, on va boire de l'orangeade et de l'*horchata* sur la terrasse d'un charmant café.

Les groupes se promènent et parlent tout bas dans l'ombre mystérieuse des allées. L'esprit s'égare, rêveur, à travers les méandres de verdure, puis, tout à coup, derrière un massif, apparaissent des hommes habillés d'une ceinture de plumes : ce sont des sauvages échappés du théâtre.

Tous les plaisirs et toutes les surprises sont accumulés dans ce jardin-concert. Parmi les deux à trois mille femmes qui s'y promènent chaque soir, il serait difficile d'en trouver une qui ne fût pas jolie. Les toilettes sont irréprochables. On jurerait que Madrid n'est habité que par des millionnaires, si l'on ne savait que la plupart des spectateurs du Buen Retiro sont des employés qui gagnent à peine soixante francs par mois !

XI

NOEL.

Noël! ce mot rappelle, en France, l'énorme
bûche d'où jaillissent la flamme claire et les étincelles pétillantes, les gais réveillons où déborde l'aï
mousseux, et le sabot bourré de sucreries que dépose
le bon ange dans la cheminée pour nos blonds ché-
rubins.

Sauf Paris, dont les boulevards sont encombrés
jusqu'à l'aurore d'une foule cosmopolite, Noël, en
France, c'est la fête de l'intimité, la veillée en
famille, au coin du feu.

En Espagne, c'est le bruit dans la rue, les sérénades sous les miradores, la cohue dans la nuit
transparente et scintillante comme l'eau de roche sur
du sable d'or.

La vie espagnole est tout extérieure. Les femmes
sont trop belles, du reste, pour ne point saisir avec
joie toutes les occasions de se montrer. Elles sont
presque toujours dehors. Comme la rose, elles
aiment le grand air et les chauds rayons; comme
Philomèle et Diane, le mystère des cieux étoilés. Et
puis, même en décembre, l'atmosphère est tiède;
pourquoi bâiller devant un brasero, quand les éclats

de rire et les notes sautillantes d'un orchestre de hasard vous invitent au plaisir !...

N'auriez-vous pas dormi depuis *quarante-huit heures ; Morphée vous eût-il secoué tous ses pavots sur la tête ; il vous est impossible, cette nuit-là, de fermer l'œil. Des troupes de polissons passent sous vos fenêtres avec des boîtes en fer-blanc transformées en tambours ; des instrumentistes improvisés écorchent avec conviction des airs connus ; des mendiants braillent, de la gorge et du nez, des complaintes mauresques ; des chasseurs du diable sonnent du cor avec la puissance de poumons de Roland à Roncevaux ; les mirlitons et les castagnettes, les fifres et les panderetes, renforcent ce charivari monstrueux qui, d'heure en heure, va *crescendo*, gronde, mugit, tonne — et détonne sans cesse. Parfois, un instant de silence se fait, et, comme un duo de sirènes entre deux hurlements de la tempête, on écoute, charmé, les variations merveilleuses qu'exécutent deux aveugles sur la guitare et la bandurria. L'enchantement succède à la crispation, la poésie bat de l'aile avec l'harmonie : on songe à ces vieux bardes qui parcourent l'Irlande, une harpe sous le bras, chantant aux cœurs brisés l'amour de la patrie : *Erin ma vournin !*

A Madrid, le point central des tapageurs est la Puerta del Sol. Il s'y fait un fracas épouvantable, pareil à un roulement de coups de foudre. On

s'étonne de ne pas en sortir aussi sourd qu'un propriétaire auquel on demande des réparations ur-
gentes, quand on a négligé de lui payer deux
termes.

Devant le palais de la *Gobernacion,* un bateleur,
perché sur une jambe de bois, travaille sans souci du
vacarme. Il avale des étoupes enflammées avec un
appétit digne d'un meilleur plat.

Un cul-de-jatte, son associé, joue du cornet à
pistons, se promène sur les mains, et les discours
qu'il débite, la tête en bas, prouvent surabondam-
ment aux curieux que sa cervelle est à l'envers.

Les papas et les mamans affluent à la place Mayor,
où se tient la foire aux joujoux.

Cette place est vaste, entourée d'arcades, enjoli-
vée par un petit square au milieu duquel se découpe, à la lueur des torches résineuses et des
falots, la statue équestre de Philippe IV, d'un mouvement tout semblable au Louis XIV de Notre-Dame
des Victoires. Mais le monarque espagnol monte
une jument au ventre énorme, qu'on craint toujours
de voir avorter sous le coup d'éperon qui l'enlève.

Les boutiques des marchands sont entassées pêle-
mêle. Chacun vante son étalage et s'escrime à crier
plus fort que son voisin; puis, tout à coup, les
preuves accompagnent les paroles; et de toutes
parts retentissent, grossis par l'écho des maisons,
les mille bruits discordants des jouets d'étrennes.

Certes, les personnes paisibles sont aussi heureuses de retrouver un peu de calme le lendemain, que les enfants de croquer leurs bonbons et de tirer le fil qui fait écarter les jambes et les bras de leurs polichinelles.

XII

LES ROIS.

La nuit déroule sur Madrid son splendide manteau brodé de paillettes étincelantes et frangé des teintes claires du crépuscule. Des carrosses armoriés et capitonnés de satin, au fond desquels on entrevoit, comme des violettes dans la mousse, de jolies duchesses douillettement enfoncées sous de riches fourrures, reviennent au grand trot de la Fuente Castellana. Des bébés tirent la jupe galonnée d'or de leurs bonnes et s'arrêtent devant l'étalage affriolant des pâtisseries, où se prélassent, sur une couche de dragées et de pralines, les larges gâteaux blonds et feuilletés qui contiennent la fève traditionnelle. Des groupes se forment et causent sur le trottoir de la Puerta del Sol, lieu de réunion des flâneurs qui perdent leur temps à rouler des cigarettes et à regarder les effets de soleil ou de lune sur le jet d'eau qui murmure et rit dans son bassin circulaire. Les belles pécheresses, qui ne se montrent qu'avec les premières étoiles, pour ne pas brunir leur blanche carnation, trottinent sur les talons pointus de leurs mignonnes chaussures. Les lanternes des serenos brillent au coin des rues, pareilles à ces lucioles que l'amour enflamme sur leur lit de verdure, au fond des haies fleuries.

Tout a le calme des soirées ordinaires. Le silence est même tel dans certains quartiers, qu'on peut entendre, en passant devant l'Opéra, les trilles d'une voix mélodieuse qui rappelle un rossignol de Méthymne inspiré par le tombeau d'Orphée.

Soudain, des torches apparaissent, des rires bruyants éclatent. Une douzaine de gamins accourent à toutes jambes, suivis de *mozos de cordel* et d'Asturiens qui dansent, braillent, sifflent, tambourinent, applaudissent, bousculent les promeneurs, font un vacarme de sabbat. Tous les chats de Madrid, saluant ensemble les sorcières qui traversent les airs sur des manches à balai, fatigueraient moins l'oreille que ces drôles déchaînés sur la place publique.

Ils agitent des torches fumeuses, se les passent de main en main, se les arrachent, se démènent, tourbillonnent. On dirait la course du flambeau des jeunes Athéniens.

Ces polissons se moquent de la crédulité d'un Gallego naïf, récemment venu de sa province. Après avoir placé sur ses épaules une lourde échelle où pend un panier de forme arabe et bouclé sur sa poitrine un collier de mule garni de grelots, ils l'entraînent à la rencontre des rois mages qui, prétendent-ils, arrivent chargés de magnifiques présents à son adresse.

— Silence ! s'écrie le chef de la bande à chaque carrefour.

Aussitôt les bouches se ferment, les pieds se clouent au sol : on entendrait voler une montre par un filou de la calle Montera.

L'échelle est dressée, soutenue par des bras vigoureux ; tous se rangent en cercle, et le gallego, lentement, sérieusement, avec une roideur automatique, s'élève jusqu'au sommet.

— Vois-tu les rois ? lui demande la troupe en chœur.

Le pauvre diable scrute l'ombre des rues, ne découvre rien et mime sa déception.

Sa silhouette, reproduite trois ou quatre fois sur les murs, répète ses gestes en les exagérant.

Le chef lui donne alors un tuyau de poêle en guise de lorgnette.

— Regarde à travers ce télescope, lui dit-il, tu verras mieux et plus loin.

L'imbécile fouille de nouveau l'horizon d'un regard pénétrant, et tandis qu'il cherche les monarques imaginaires qui doivent emplir son panier

de merveilles orientales, ceux qui tiennent l'échelle se retirent et le laissent tomber sur le trottoir.

Les endiablés gamins lui collent ensuite aux lèvres une « bota de vino » pour calmer son émotion, puis courent ailleurs recommencer la même scène.

Quelquefois, sous le prétexte d'aller à la rencontre des rois mages, ils jouent une farce politique, dont le dialogue varie selon la forme du gouvernement et l'audacieuse malice des acteurs.

J'ai vu plus d'un ancien fonctionnaire les éviter et se glisser dans les ténèbres, plus triste qu'un Grec sorti de l'antre de Trophonius.

XIII

LA SAN ANTONIO.

Le patron des animaux est très-vénéré par les Espagnols. Ils ont même avec lui des familiarités qui, pour être fort respectueuses et dignes des mœurs patriarcales, n'en sont pas moins d'un haut comique.

A l'Escorial, lorsqu'un paysan a perdu son cochon, il implore saint Antoine, qui le lui ramène, — s'il a le loisir d'aller à sa recherche.

Les plus pauvres familles possèdent l'histoire de sa tentation naïvement gravée et coloriée. Au premier plan, on voit le saint homme aux enfers ; au dernier, il s'enlève dans une gloire, emportant sous le bras son compagnon d'infortunes, dont la queue brûle encore et se recroqueville d'un air piteux.

Le jour de sa fête, les chevaux, les mulets et les ânes reçoivent la bénédiction à l'église qui lui est consacrée. Bien étrillés, le poil luisant, la crinière peignée et séparée en tresses que fixent des flots de rubans bleus ou verts, les tempes ornées de rosettes et de glands andalous, les sabots nettoyés et cirés, ils arrivent en cavalcades par les rues Montera et Hortaleza.

La foule se presse sur les trottoirs, narguant les cavaliers et les ruades. Du rez-de-chaussée aux mansardes, toutes les ouvertures des maisons regorgent de jolies femmes aux regards langoureux, aux bouches rieuses. De grands courants magnétiques électrisent tout ce monde. Les éclats de joie et les accès de folie roulent au-dessus des têtes. Çà et là, le soleil ceint d'une auréole de blondes Valenciennes, pique une étincelle dans les riches parures, zèbre de plaques de lumière et d'ombre les murs badigeonnés de couleurs tendres.

En face du Cercle littéraire, la circulation est obstruée par un dentiste à cheval, qui opère — sans douleur — du haut de sa selle caparaçonnée. Sa réputation est si colossale, qu'il est souvent obligé, pour suffire à toutes les demandes, d'extraire au galop les dents de son innombrable clientèle.

Mis en gaîté par cette vantardise catalane, les gallegos quittent l'illustrissime docteur pour suivre une maigre bourrique dont le langage est bien autrement expressif. La pauvre bête, attifée comme une vieille portière, trottine, sans souci du contraste, entre deux superbes étalons auxquels peut-être elle brait son amour. A califourchon sur ses reins bâtés, plus fier qu'un pou sur une tête d'hidalgo, se dodeline un élégant de village qui supporte les quolibets avec un stoïcisme tout lacédémonien.

Les caballeros passent, sans s'arrêter, devant l'église Saint-Antoine et se rendent, par les boulevards extérieurs, à la Fuente Castellana. Les gens du peuple se rangent le long du mur et font bénir, à tour de rôle, de petits sacs d'avoine, persuadés que les bêtes qui la mangent ne crèvent pas dans le courant de l'année.

Les Espagnols sont d'une excessive crédulité; mais si le saint qu'ils invoquent reste sourd à leurs prières, ils le traitent de la façon la plus impie.

Un jour de la San Isidro, le ciel se permit de voiler son azur habituel de gros nuages qui se fondirent en pluie torrentielle. Les industriels forains, exaspérés, accusèrent le patron de Madrid d'indifférence à leur égard, se rendirent en masse au pont de Tolède, où est sa statue, et la mutilèrent à coups de pavés, — ce qui n'améliora point le temps.

Sur les bords de l'Atlantique et de la Méditerranée, lorsqu'une tempête empêche les barques d'aller en mer, les pêcheurs attachent une corde au cou du saint de l'endroit, le déshabillent et le plongent à plusieurs reprises dans les vagues, — qui continuent irrespectueusement leur danse échevelée.

San Antonio subit les mêmes outrages s'il laisse mourir un cheval qui a mangé de l'avoine bénite.

XIV

LE CARNAVAL.

Les touristes ont souvent parlé du carnaval de Rome et de Venise ; celui de Madrid est aussi pittoresque, aussi follement gai. La verve primesautière et sémillante, le brio humouristique et railleur, la démangeaison de discourir sur tout à propos de rien, la manie de la charge à outrance et de la caricature politique, l'esprit satirique et mordant, l'imagination fantaisiste et colorée du peuple espagnol, se donnent libre cours durant une semaine ; les masques bigarrés, hâbleurs, encombrent les rues ; les intérêts les plus sérieux cèdent la place aux sonneries cadencées des grelots ; la raison s'évanouit sous les éclats de rire ; Momus est Dieu, Pasquin est son prophète : vive la marotte !

Passons en revue cette multitude grouillante et burlesque ; fixons d'un trait les types les plus caractéristiques, les scènes les plus originales de cette immense farce.

Le rideau se lève sur Madrid ; la mascarade se dissémine dans tous les sens, comme une fourmilière qu'on écrase du pied.

La musique est, naturellement, une des parties essentielles du spectacle.

Les estudiantinas, orchestres formés chacun d'une cinquantaine d'étudiants travestis, ne cessent de sillonner la ville. Ceux qui, tous les ans, ont le plus de succès, sont les Méphistophélès, jolis garçons aux formes sculpturales, et les planteurs cubains, dont le visage est ciré comme les bottes d'un hidalgo. Les élèves en médecine ont seuls leur tenue d'école : le chapeau à claque et la robe noire.

Ces troupes payent d'avance une certaine somme destinée aux hospices ; tant pis pour elles si le mauvais temps nuit à leurs recettes. Disons tout de suite que le baromètre est presque toujours au beau fixe, et que s'il survient une ondée, les quêteurs ont vite regagné l'heure perdue. Ils arrêtent tout le monde, dé-

16

bitent mille gracieusetés aux femmes, de fines plaisanteries aux hommes, sautent sur le marchepied
des calèches, jettent leurs coiffures sur les balcons,
s'accrochent si bien partout, avec de petits airs sou-
riants ou piteux, que leur escarcelle se gonfle et
s'emplit de sous et de piécettes.

Gare! voici une course de novillos en plein carrefour! L'animal, furieux, bondit sur le trottoir, se
précipite sur un torero, l'enlève d'un coup de corne,
— et la malheureuse victime retombe sans vie sur
le pavé... Le taureau n'est, fort heureusement,
qu'un homme dans une carcasse d'osier, et le mort
qu'un mannequin à tête de cire!

Voyez la gracieuse idylle! Des paysans enrubanés et leurs compagnes couronnées de margue-
rites, exécutent, aux doux accords de la guitare et
au claquement des castagnettes, les danses de leur
pays natal. Ils tournent légèrement, avec une grâce
maniérée, une afféterie séduisante qui rappelle les
peintures de Watteau... Horreur! ces Arcadiens ont
un moulin à vent sur le nez!

Sous un parapluie colossal s'abrite une famille
anglaise, composée de vingt membres au moins,
sans compter les enfants au maillot que les mères
cognent contre les murs et emportent suspendus
par les pieds, la tête en bas, quand ils ne sont pas
sages. C'est très-drôle.

La foule déborde par toutes les grandes artères,

poussée, grossie, fendue par des grotesques et des incroyables, des pierrots et des arlequins, des polichinelles et des pîtres, des géants à tête hideuse et des astrologues qui prophétisent un tas de bouffonneries. Ceux qui n'ont pu louer un costume ont passé leur chemise par-dessus leur paletot, coiffé une cornette, et jouent du mirliton.

Les voitures vont au pas, sur deux files qui rasent les trottoirs. Celles qui courent librement ont payé le droit des pauvres. Les cavaliers sont soumis à cette règle de bienfaisance. Suivons-les au Salon du Prado, aux Recoletos et à la Fuente Castellana.

Ici, c'est une mer humaine avec flux et reflux. On ne circule pas, on se laisse emporter par le flot.

Des jeunes gens titrés, vêtus de robes splendides faites sur mesure, marivaudent en voix de fausset, montent dans les carrosses, intriguent leurs amis et leurs novias. Un facteur de Cythère, dont le charmant costume est en timbres-poste de tous les pays, distribue des billets parfumés. Le soleil et la lune, couverts de parures éblouissantes, se promènent amicalement bras dessus, bras dessous. Dans un char traîné par six chevaux, trente jeunes filles de la noblesse, magnifiquement travesties, la gorge et les bras nus, sont assises sous de vertes guirlandes semées de fleurs, et sur leur passage l'atmosphère s'imprègne d'un parfum aussi doux que l'haleine des roses. A leurs côtés caracolent, les pattes dans l'étrier, un superbe lapin au poil soyeux et un merle blanc au fin plumage, qui fait honneur à ses ancêtres du mont Cyllène.

Tandis que je contemplais, en 1872, ce tableau d'une exquise délicatesse, quatre contrebandiers, conduits par deux gendarmes, se dirigeaient vers le Saladero, sombres, farouches, au milieu du grand éclat de rire de la mascarade.

———

X V

LA MI-CARÊME.

ENTERREMENT DE LA SARDINE.

Le carnaval est mort. — Vive le carnaval !

Les oripeaux sont brossés, lavés, reteints et remis. La mascarade, alerte et brillante, sort du carême comme un papillon de sa chrysalide. Les hommes sont habillés en femmes et les femmes en hommes : on se croirait à la fête annuelle que célébraient les Argiens en l'honneur des guerrières qui, sous le commandement de Télésilla, vainquirent les troupes de Lacédémone. Les scènes plaisantes du Mardi-gras se reproduisent avec l'intensité d'une lampe qui jette sa dernière flamme. La Folie redouble d'extravagance et, près de disparaître, se consume en pantalonnades effrénées.

Deux heures sonnent; un corbillard s'avance, lentement traîné par une vieille bourrique. Une clochette, que tinte lugubrement un croque-mort, avertit la foule, qui se range, distraite et moqueuse. Un orchestre, composé de gros cuivres et de tambours voilés, joue une marche funèbre. Quantité de masques suivent, l'œil sec, l'épigramme à la bouche.

Que signifie ce triste cortége qui, sur son parcours, suscite l'hilarité générale? Est-ce le *Pierrot tué en duel,* de Gérôme, qu'on enterre? Est-ce une saynète apologétique trouvée par quelque philosophe de carrefour au milieu des fumées de l'ivresse?...

Non; c'est tout simplement le convoi de la sardine.

Pauvre petite! maigre, efflanquée, desséchée par le jeûne, elle est pendue, comme un goujon pris à la ligne, au-dessus de sa bière. A chaque cahot, elle oscille et tourne sur elle-même. Ainsi se balançaient aux branches des arbres les grappes sinistres accrochées par Montluc[1].

Après une longue promenade dans Madrid, la troupe comique dirige le corbillard vers le Manzanarès. Arrivée sur le bord de ce fleuve plus carrossable que navigable, elle s'arrête et creuse un trou au fond duquel est déposée la sardine.

---

[1] Le plus souvent la sardine est remplacée par un bout de boyau de porc.

Le soleil a disparu derrière le Guadarrama. Quelques nuages rosés et de rares étoiles se montrent au ciel ; au-dessus de la ville flotte une vague lueur ; la plaine est noyée dans l'ombre. Çà et là, se profilent les squelettes des arbres dépouillés. Une bise froide siffle sous les arches des ponts ; tout est morne et silencieux sur la rive.

Les fossoyeurs allument des lanternes vénitiennes, Polichinelle se penche sur le cercueil, et d'un ton grave, entremêlé de *couics* aigus, prononce une improvisation désopilante. Les rates s'épanouissent, l'orchestre attaque un galop échevelé que rhythment les castagnettes, et tout à coup, pareils aux Tirynthiens qui riaient toujours, même des choses les plus sérieuses, les masques, sautillant sur les talons, exécutent une danse de marionnettes autour de la fosse où gît le cadavre de Carême !

C'est fantastique comme une nouvelle d'Edgar Poë.

———

XVI

LES BALS MASQUÉS.

Sauf quelques cafés-théâtres du genre des Capellanes, où les danseurs imitent les grands écarts

de nos clodoches de barrières, les bals masqués ne
sont que des *intrigues*.

Ceux de l'Opéra et de la Zarzuela sont très-cou-
rus, très-animés. La foule élégante s'y donne rendez-vous. Les hommes y vont en costume de soirée :
habit noir et gilet en cœur, sans déguisement. Les
femmes du monde, restées à l'état de mythe sous
les dominos de notre carnaval parisien, se mêlent
bravement en Espagne à la cohue des caballeros,
qu'elles interpellent en voix de tête. Elles se promènent à deux ou par douzaines uniformément travesties. Chacune a sur le corsage un signe de recon-
naissance, presque toujours une lettre en brillants.
Lorsqu'elles marchent ensemble, les lettres réunies
flamboient un nom mystérieux.

Ces groupes de charmeuses se nomment *com-
parsas*. Elles entourent les hommes, leur disent la
bonne aventure, leur grisent l'imagination, les rail-
lent, les criblent de traits spirituels, et quand elles
ont bien mordu, bien menti, bien intrigué, elles
jettent un éclat de rire et disparaissent.

Quelques-uns de ces jolis sphinx sont moins
cruels et consentent à montrer leur délicieux minois
entre un homard et une bouteille de champagne.

L'orchestre joue toute la nuit, mais l'on ne danse
pas. On trépigne sur place, on poursuit les femmes
dans les couloirs, on soupe dans les loges, on se
fatigue beaucoup, et quand on sort, vers six heures

du matin, les côtes meurtries par les coups de coudes, les pieds écrasés par les talons de bottes, les yeux brûlés par le gaz, on se demande, effrayé des angines que promène la bise, s'il n'eût pas été plus sage de dormir bien chaudement sur un bon matelas.

On se dit une infinité de choses parfaitement sensées, et l'on recommence toujours, poussé par le désir des folles aventures.

Ah ! si les affreuses statues qui bordent la grande allée du Retiro pouvaient ouvrir leurs bouches de pierre et répéter les propos galants qu'elles ont entendus les lendemains de bals masqués à l'Opéra, quels dénoûments croustilleux elles fourniraient aux poëtes rabelaisiens ! Boccace et La Fontaine s'en fussent pâmés d'aise.

XVII

LES RAMEAUX.

Parmi les fêtes espagnoles, toutes plus ou moins mouvementées et bruyantes, il en est une trèscalme, presque silencieuse : la fête des Rameaux.

Aux abords des églises sont installés des marchands de palmes artistiques. Ils en ont de toutes dimensions et de toutes formes : les unes longues, flexibles, éplorées ; les autres courtes, frisées, contournées en capricieuses arabesques ; celles-ci d'une grâce charmante dans leur bizarre entrelacement ; celles-là d'un beau dessin dans leur naturelle simplicité.

La venté est considérable ; aussi, tout le jour, chaque rue présente-t-elle l'étrange spectacle d'une forêt qui marche ; — mais une forêt fantaisiste, qui a reçu le coup de peigne et le coup de fer d'un élève de Le Nôtre.

Le lendemain, les palmes bénites sont placées aux balcons : on dirait de grandes plumes d'oie servant d'enseignes à des écrivains publics.

La plupart des pieuses Madrilègnes qui les achètent ne se doutent guère des dangers auxquels s'exposent de pauvres gens pour les cueillir.

Transportons-nous dans les provinces d'Alicante et d'Andalousie. Sous un ciel plus pur que le cristal, croît une végétation splendide. Derrière des clôtures d'aloès et de cactus s'étalent, luxuriants, le citronnier et l'oranger, se récoltent en abondance l'huile, le vin, les figues et les grenades. Partout l'eau jaillit du sol et roule, limpide, entre des rives parfumées. La mer gronde doucement au loin et jette sur les côtes son écume que le soleil d'Afrique pénètre de ses rayons. Il y a de la fraîcheur et de la flamme dans l'air de ces pays enchantés. Des forêts de palmiers gigantesques, dont quelques-uns sont peut-être aussi vieux que celui de Délos, attirent les promeneurs sous leurs maigres ombrages. Des couples enlacés apparaissent dans les clairières et s'égarent à travers la vivante colonnade. Levez la tête ; regardez attentivement les vertes chevelures qui frémissent aux brises. Accrochés à des hauteurs vertigineuses, au point où le tronc n'est plus qu'une frêle tige, des hommes coupent les palmes qui seront distribuées dans toute l'Espagne. Habitués au péril, ils fredonnent en accomplissant leur terrible besogne. Il arrive, chaque année, qu'une corde se rompt sous celui qu'elle soutient, ou qu'une bourrasque décapite le palmier qu'il ébranche : le malheureux s'écrase à terre, sa famille prend le deuil, et personne ne songe, à la fête des rameaux, qu'il en est quelques-uns éclaboussés de sang !

<hr>

XVIII

LES THÉATRES D'HIVER.

Les théâtres les plus importants de Madrid sont :

L'Opéra, monument de modeste apparence, mais dont la salle est très-belle et surtout magnifiquement composée. Toutes les sommités du théâtre italien y ont chanté devant les têtes les plus admirables et les gorges les plus éblouissantes du monde. L'orchestre, formé de quatre-vingt-quatorze professeurs, est excellent : un soir, le maestro Verdi le combla de chaleureuses et justes louanges.

La Zarzuela, où l'on donne des opéras-comiques espagnols, parmi lesquels un certain nombre — *El Grumete,* — *El Molinero de Subiza,* — etc., ont une valeur réelle.

Le Théâtre-Espagnol, où l'on joue le répertoire classique et les meilleures productions des disciples actuels de Calderon et de Lopez de Vega.

Le Théâtre du Cirque, où se font applaudir, dans le drame et la comédie, la célèbre Matilde Diez et le charmant Catalina.

Viennent ensuite le Salon Eslava, las Variedades, le théâtre Martin, la Infantil, l'Alhambra, les Capellanes, petites scènes de genre à spectacle coupé.

Pendant les fêtes de Noël et de Pâques, le théâtre Martin donne un drame religieux en deux parties : *la Naissance de Jésus* et *la Passion.*

Il contient des naïvetés d'une saveur exquise et des anachronismes du plus haut comique.

Les tableaux changent à vue ; le ciel, la terre et les enfers se déroulent tour à tour devant les feux de la rampe ; les anges, les hommes et les diables se poursuivent et luttent ; Joseph, d'abord très-perplexe, est complétement rassuré par un rayon électrique et des chœurs qui chantent faux ; des bergers et des bergères, vêtus de peaux de mouton, rhythment leurs danses avec des castagnettes et des panderetes ; Jésus naît entre un âne de carton qui branle la tête en contemplant Marie, et un bœuf de papier mâché qui s'agenouille en regardant Joseph.

Parlerai-je encore de Judas qui, tourmenté par le remords, veut mettre un terme à sa misérable existence ? A défaut de gendarmes, il appelle à grands cris les puissances de l'ombre. Lucifer apparaît et lui présente, à l'extrémité d'une branche, une corde à nœud coulant : le traître passe le cou dans le nœud, fronce horriblement les sourcils, tire consciencieusement la langue... et les démons engloutissent son cadavre dans une trappe, au milieu des éclats de la foudre et des flammes de Bengale que vomit le Tartare en courroux.

Ces quelques mots suffiront pour donner une idée générale de cette œuvre fantastique, bourrée de tirades et de fictions.

Je m'empresse d'ajouter que certains épisodes tout plastiques, réglés sur les chefs-d'œuvre de la peinture sacrée, sont très-réussis. La « Descente de croix », par exemple, est d'un effet saisissant. Les costumes ne manquent pas d'exactitude.

Le public de ces sortes de représentations n'est point aussi respectueux que celui de Valence. J'ai entendu des hommes et des femmes, qui se signent en passant devant la porte d'une église, stimuler les bourreaux qui traînaient Jésus, la corde au cou, par ces exclamations sacriléges : « Tirez dessus! Étranglez-le! »

Le spectacle le plus étonnant auquel j'aie assisté, est le *Cancan des carlistes,* dansé sur le théâtre des Capellanes. Deux jeunes gens costumés en prêtres et deux ballerines en religieuses, se livraient, dans l'exécution d'un quadrille, aux gestes les plus licencieux, aux exhibitions les plus dégoûtantes, devant une multitude en grande partie composée de femmes et d'enfants. Chaque soir, ces indécences étaient bissées, et la police fermait l'œil !

Je consacrerai le chapitre suivant à un gros drame produit sur un théâtre minuscule. J'en ai vu jouer un d'égale importance sur une scène où tout manquait : décors, machines, accessoires et... Non, le public ne manquait pas tout à fait, soyons juste.

Dans une décoration de catafalque, la bière, qu'on n'avait pu se procurer, était remplacée par une malle posée sur deux chaises boiteuses.

Un prince, que des intrigants de cour voulaient supprimer, était couché dans la malle, recouvert d'une jupe noire. Auprès de lui veillait un serviteur qui lui avait fait prendre un narcotique, espérant le sauver par une mort apparente.

Le bonhomme, étonné que son prince dormît encore, commençait à craindre que la dose administrée ne fût trop forte et n'eût servi les desseins coupables des conspirateurs. Il se désolait donc avec des gestes de télégraphe à signaux.

Tout à coup, ses jambes s'embarrassent dans la jupe, les chaises vacillent, la malle tombe avec fracas...

— *Sangre de Dios !* s'écrie le prince, je suis blessé !

— Non, monseigneur, repartit le vieillard d'un ton solennel, vous êtes mort, rentrez dans votre bière !

Un tonnerre d'applaudissements salua cette spirituelle réplique.

Observation importante :

Les auteurs espagnols démarquent notre linge sans la moindre vergogne. Ils imitent ou traduisent servilement nos pièces et les signent avec aplomb, oubliant presque toujours d'en indiquer la provenance. Quelques-uns même disent leurs pastiches *originaux,* et nous accusent plus tard de plagiat. Cette suffisance est d'un grotesque achevé.

Nos droits internationaux sont dérisoires. Si nous déposons nos œuvres à la Gobernacion, la propriété nous en est garantie pour SIX MOIS ; si nous négligeons d'effectuer ce dépôt, à peine sorties de nos presses, elles tombent dans le domaine public.

Puisque nos confrères d'Espagne nous prennent nos conceptions, je propose de leur emprunter l'idée d'un théâtre qui, j'en suis sûr, ferait fortune à Paris.

Figurez-vous de petites salles bien décorées, avec fauteuils d'orchestre, loges et galeries, où l'on donne quatre représentations d'une heure par soirée. Chaque spectacle se compose d'une ouverture populaire jouée avant le lever du rideau, d'une comédie ou d'une opérette en un acte, et d'un ballet très-court, qui est tout simplement une danse nationale. Le prix des places est à la portée de toutes les bourses : le fauteuil se paye vingt-cinq centimes par représentation, — un franc pour les quatre.

Ces théâtricules offrent de sérieux avantages. Beaucoup de personnes, en effet, retenues jusqu'à dix heures par leurs affaires ou quelque invitation, n'iraient pas dans une salle d'opéra-comique ou de drame entendre une pièce depuis longtemps commencée, tandis que, sûres de jouir d'un spectacle aussi complet qu'agréable, elles vont passer le reste de leur soirée dans ces coquettes bonbonnières que ne dédaigne pas le monde le plus aristocratique.

Supposons qu'on bâtisse un tel théâtre sur les boulevards, au centre de Paris ; qu'une troupe, recrutée parmi les meilleurs élèves du Conservatoire, y joue de petits actes finement ciselés par nos jeunes poëtes ; qu'un corps de ballet y exécute nos danses si pittoresques : la bourrée d'Auvergne, le congo du Lot, le branle du Périgord, etc. ; quel attrait pour le public ! quel succès pour la direction !

Le Salon Eslava, qui est une merveille de ce genre, est au premier étage, au-dessus d'un café qui dépend de l'entreprise théâtrale. Trois escaliers conduisent à l'hémicycle : un, qui communique avec la rue, deux avec le café. Les spectateurs descendent consommer, les consommateurs montent se distraire : les deux salles ne désemplissent pas.

Si quelques capitalistes parisiens voulaient réaliser le plan que j'expose et qui, j'en ai la ferme conviction, aurait la même réussite qu'en Espagne, ils pourraient heureusement le compléter en fondant au-dessous du théâtre, attenant au café, un cercle littéraire qui serait le rendez-vous naturel des journalistes et des auteurs dramatiques.

———

XIX

UN GRAND DRAME

DANS UN PETIT CAFÉ-THÉATRE.

Je ne nommerai point ce café ; je n'indiquerai même pas le *barrio* dans lequel il est situé, car je commettrais la réclame la plus productive qu'eût pu rêver Mangin. Non-seulement tout Madrid se presserait à la porte de ce théâtricule, mais les étrangers, à peine descendus de wagon, accourraient voir les pièces extraordinaires jouées sur cette scène étrange par des artistes dont les appointements ne dépassent jamais vingt-cinq sous par représentation. Tous sont d'un comique achevé, surtout le grand premier rôle, qui beugle et gesticule des tirades échevelées de manière à rendre jaloux Brasseur et Gil Pérez. L'excellente madame Thierret elle-même n'eût su obtenir un plus franc succès de fou rire que la mère noble de l'endroit. Certes, le char de Scarron a versé là dedans.

La salle est étroite, divisée dans le sens de la longueur par une rangée d'arcades. La scène, qui n'a que deux mètres carrés d'ouverture, est placée dans un angle. La boîte du souffleur en masque les trois quarts; aussi la supprime-t-on dans les circonstances solennelles, lorsque les robes des actrices n'ont pas trop de taches à dissimuler. La toile est un chef-d'œuvre. On y voit un Parnasse en pain de sucre, couronné par une pâtisserie montée qui affecte des formes de temple grec. A gauche, Melpomène embrasse une lyre, dessinée sans doute d'après une bandurria. A droite, Thalie tient une couronne qu'on jurerait être d'épinards si l'on n'avait quelque teinte de mythologie. La robe de la Muse est un véritable tour de force. Le peintre a trouvé le moyen de lui donner un développement de trois mètres sur un rideau qui n'en a que deux. Elle se termine en colimaçon qui bave un nuage. C'est le *nec plus ultrà* du genre.

Le public est digne du spectacle. Il se compose des marchands et marchandes de la halle voisine ; de Valenciens vêtus d'une mante rayée de vives couleurs et d'une ample culotte plissée et serrée à la taille par une ceinture de soie rouge ; d'arrieros en veste ronde de peau d'agneau frisée ou de drap ornementé de velours ; d'Aragonais en culotte courte, veste et gilet de velours bleu, coiffés d'un mouchoir roulé comme une corde autour de la tête et chaussés d'espadrilles. Hommes et femmes s'assoient bruyamment autour des tables et consomment un verre d'eau sucrée à dix. Quelques-uns se livrent à leur petit commerce dans la salle même. Il n'est pas rare qu'un aldeano propose la vente d'un lapin pendant une tirade pathétique. Certains, qui vont au théâtre pour la première fois, tendent l'oreille et font tous leurs efforts pour comprendre. Ce sont les seuls, du reste, qui se donnent cette peine. Les autres causent de leurs affaires, très-fort, et lorsqu'un artiste leur déplaît, ils crient, comme aux courses de taureaux : « Plantez-lui les banderillas ! » Les femmes crient d'habitude plus haut que les hommes. Elles sont, en général, d'une grande beauté. J'en ai remarqué une qui ressemblait à la Diane de Poitiers sculptée par Jean Goujon.

Il était neuf heures, lorsqu'une cloche, lancée à

toute volée, me fit courir un frisson dans les veines. Je demandai à mon voisin si le feu était au théâtre ; il me répondit très-sérieusement que cette cloche était la sonnette du régisseur.

Un pianiste tira d'un clavier détraqué quelques sons de guitare, et le rideau se leva.

1er *acte :* On n'entend rien. Les artistes se racontent probablement un tas de choses qui ne sont pas dans la pièce. Quand ils exagèrent leurs gestes, leurs bras sortent de la scène et projettent de longues ombres sur les murs de la salle. Le jeune premier, couvert d'une cotte de mailles et chaussé de bottes Louis XIII, cause avec une marquise, qui s'essuie les yeux et lève au ciel des mains fantastiques qui disparaissent dans le plafond. Ils parlent sans doute d'un enfant, fruit de leurs amours, car bientôt entre une nourrice avec un bambin pressé contre sa poitrine. L'action se noue, les consommateurs se taisent... Hélas ! le poupon, éveillé tout à coup par la lumière, pleure à chaudes larmes et se démène comme un petit diable. La nourrice se hâte de regagner la coulisse ; le jeune premier rit, la marquise rit, le public les imite, et la toile tombe au milieu de l'hilarité générale.

Entr'acte : Le jeune premier, toujours couvert de sa cotte de mailles et chaussé de ses bottes Louis XIII, va se rafraîchir au comptoir. Les *pesca-*

dorés qui n'ont pas visité l'*Armeria real,* le regardent avec de grands yeux ébahis.

2ᵉ *acte :* Une cloison divise le théâtre. On voit d'un côté la marquise agenouillée dans son oratoire; de l'autre, un moine en costume gris-souris, rappelant les moines du Greco. Le saint homme a recueilli, paraît-il, la nourrice et le bébé de la marquise, activement recherchés ; mais à cette heure, son unique préoccupation est sa barbe en filasse, mal collée, qui menace de quitter son visage. On continue à ne rien entendre. C'est vraiment dommage, car les acteurs s'agitent dans le double décor comme les cailles (*codornices*) que les Espagnols enferment dans des cages trop étroites pour les faire chanter. — La toile tombe de nouveau sans que la nourrice ait reparu.

3ᵉ *acte :* Le jeune premier est encore dans l'appartement de la marquise. Il y est presque toujours, mais il ose dire, l'ingrat ! qu'il n'y est pas assez souvent. « Lorsque je suis loin de vous, soupire-t-il, JE NE VOIS PARTOUT QU'UN VIDE AFFREUX QUI ENVELOPPE MON AME DANS UN CRÊPE NOIR QUI ME TUE ! » Un murmure d'approbation court dans l'auditoire. Soudain, la porte du fond s'ouvre, un chevalier bardé de fer apparaît, le sabre nu. « Mon mari ! » s'écrie la marquise. Le jeune premier s'élance vers la fenêtre et l'escalade. Mais la fenêtre est si étroite, que les bottes du séducteur, ne pouvant passer, y restent accrochées. « Ses bottes étaient trop grandes, il en est descendu ! » dit un Andalou. « Misérable ! ah ! misérable ! » hurle le chevalier en saisissant sa femme aux cheveux et levant sur elle sa terrible lame. « Qui me sauvera ? » gémit l'infortunée. « Moi ! » répond le moine, qui survient en coup de vent. Des applaudissements frénétiques éclatent de toutes parts, suivis bientôt d'un immense éclat de rire : dans la chaleur du jeu, la perruque de la marquise était restée aux mains de son mari !...

Ce drame ressemblant à tous ceux qu'on joue au théâtre Beaumarchais, je sortis avant la fin, convaincu qu'à la dernière scène du dernier acte, la vertu serait récompensée et le crime puni.

La nourrice n'avait pas encore reparu : il est probable que l'enfant pleurait toujours.

———

X X

LE GARROT.

Les préliminaires et les détails d'une exécution par le garrot sont très-curieux et peu connus. Nous allons leur donner tous les développements qu'ils comportent. Cette étude sera dans notre livre une

17.

tache noire ; mais en la supprimant, nous laisserions dans l'ombre un des côtés les plus saisissants et les plus caractéristiques des mœurs espagnoles.

Pour être complet, racontons une cause célèbre depuis le crime jusqu'à l'expiation.

I

Dans une maison de la rue del Fucar, à Madrid, vivait une dame affligée d'une telle violence de caractère, que son mari, M. Goya, — parent, dit-on, de l'illustre peintre, — avait été forcé de la fuir et de se séparer d'elle. Sans cesse en querelle avec ses servantes, elle en changeait plus souvent que la lune de quartier. Enfin, un jour, lui arrive, de la province de Valladolid, une fille de dix-huit ans, Vicenta Sobrino, dont la douceur et les grâces semblent de tous points lui convenir. Durant une semaine, tout va pour le mieux ; mais bientôt, sous un prétexte futile, — une soupe trop chaude ou trop froide, — la nerveuse et bouillante madame Goya s'emporte, menace, et, tout à coup, d'une main prompte, applique sur la joue de la jeune fille un vigoureux soufflet. Frémissante de colère, Vicenta ne prononce qu'un mot : — « C'est bien ; je me vengerai ! »

La nuit venue, elle s'introduit à pas furtifs dans l'alcôve de sa maîtresse, bondit sur elle comme une bête fauve, et lui plonge entre les épaules un grand couteau de cuisine. Terrifiée, éperdue, folle de douleur, madame Goya veut crier et s'élancer hors de son lit ; sa servante la bâillonne et l'immobilise. Alors commence pour l'infortunée une agonie terrible. Le sang s'échappe à flots de sa blessure béante. Elle sanglote, elle implore la jeune fille, qui regarde, impassible, à la lueur d'une lampe fumeuse, sa victime tordue par la souffrance.

Devant ses juges, Vicenta racontait plus tard, qu'au lieu de l'attendrir, les supplications de sa maîtresse alimentaient sa haine. C'était pour elle une vive joie de la voir ainsi luttant contre la douleur et la mort. Assise à son chevet, elle observait froidement les moindres convulsions de son être, les derniers battements de son cœur. « Pourtant, ajouta-t-elle, j'ai l'âme sensible, je ne saurais voir souffrir un oiseau, je serais incapable de tuer un papillon. »

Après s'être assuré que sa victime ne donne plus signe de vie, elle rentre dans sa chambre, se débarrasse de ses vêtements ensanglantés, puis retourne dans l'alcôve de madame Goya et décroche une montre suspendue à la muraille, « pour le cas où il lui serait utile de connaître l'heure ». Elle ne touche, du reste, ni à l'argent, ni aux bijoux.

Le lendemain matin, elle ferme la porte à double tour, prend son pot au lait, salue au passage la concierge et se dirige en toute hâte vers la gare du

Nord. Le train est parti lorsqu'elle arrive ; il n'y en a pas d'autre avant le soir. Que faire, en attendant ? Elle va chez des amis, qui la conduisent au bord du Manzanarès, à la fête de la *Virgen del Puerto*. La journée se passe joyeusement. Remise en belle humeur par les plaisanteries de ses compagnes, Vicenta monte sur une table et danse un zapateado frénétique, que rhythment les chants et les guitares. Elle se sépare ensuite de ses amis, le sourire aux lèvres, prétextant l'inquiétude que causerait à sa maîtresse son absence prolongée.

Une heure plus tard, elle fuit en wagon vers sa ville natale.

II

Le silence absolu qui règne dans l'appartement de madame Goya depuis le départ de sa servante éveille les soupçons de la concierge. La police se rend sur les lieux, procède à une enquête minutieuse et découvre les preuves de la culpabilité de Vicenta.

Arrêtée à Valladolid, chez une de ses cousines, et ramenée à Madrid, la jeune fille est écrouée à la prison del Modelo.

Elle avoue son crime, en explique tous les détails, déclare n'avoir point eu de complices. Elle ajoute, dans un second interrogatoire, que M. Goya lui faisait de riches cadeaux et lui promettait le mariage si *le hasard* le rendait veuf ; mais le tribunal repousse cette déclaration tardive.

Après plusieurs mois de débats très-vifs, Vicenta Sobrino est condamnée à la peine de mort.

La protection d'un membre du haut clergé retarde son exécution de près de trois ans.

L'opinion publique ne se préoccupe déjà plus du procès de la rue del Fucar ; Vicenta compte sur un acquittement, lorsque, un matin, son protecteur, désespéré, lui annonce que toute son influence n'a pu changer la décision des juges.

Vicenta use d'un dernier stratagème, qui lui assure encore neuf ou dix mois d'existence : — elle se dit enceinte.

Enfin, le terme de sa fausse grossesse expiré, tout espoir de grâce perdu, elle entre en chapelle.

III

En Espagne, le condamné à mort est mis en chapelle trois jours avant le supplice. Placé près de lui, un prêtre récite les prières d'usage, auxquelles le patient est tenu de répondre, et fréquemment attire son attention sur la Mère des sept douleurs, dont la poitrine, transpercée de glaives, laisse ruisseler un sang noirâtre : peinture d'un aspect sinistre ; œuvre de quelque moine hypocondriaque. Des cierges de cire jaune, qui répandent une odeur désagréable, ajoutent à la tristesse du lieu.

Lorsque, accablé de questions, brisé de fatigue, le pauvre condamné chancelle et s'affaisse, on lui permet un peu de repos sur un misérable grabat.

Ces trois jours de chapelle me paraissent une torture plus épouvantable que celle du garrot. Quelles noires pensées, quels rêves lugubres assaillent le malheureux !... Il songe à l'étreinte froide du collier de fer, à l'humidité de la tombe, au fourmillement des larves gluantes qui vont dévorer ses entrailles et son cœur, au grouillement des vers immondes dans ses chairs... La fièvre brûle ses veines, les visions les plus atroces, les hallucinations les plus hideuses peuplent son cerveau où s'engouffre le vertige de l'inconnu... Martyre effroyable, inventé par l'imagination délirante des inquisiteurs.

IV

Le matin du supplice, les commissaires de la société de Charité, appartenant tous à la vieille noblesse, habillent le patient.

Si c'est une femme qu'attend l'échafaud, les dames les plus titrées procèdent à sa toilette, depuis les bas jusqu'à la coiffure.

Le condamné laisse-t-il des enfants? Un membre

de la Charité jure de se charger de leur entretien et de veiller à leur éducation.

Après la toilette, le bourreau se présente, baise la main de sa victime et la prie de ne point lui en vouloir s'il est obligé de la tuer.

V

Tous les préparatifs achevés, le patient est placé sur un âne. Ses deux mains, liées par une corde, tiennent une petite croix rustique, au centre de laquelle est un verset de la pénitence qu'il récite le long du chemin, presque toujours à haute voix.

En tête du cortége, des prêtres, parmi lesquels un porte-croix vêtu d'une chape en soie verte, bordée d'or, psalmodient un *Requiem*. Deux hommes dirigent l'âne ; les commissaires de la Charité ferment la marche.

L'horrible instrument apparaît au milieu d'un détachement de cavalerie.

C'est une plate-forme haute de deux mètres environ, accessible par un escalier à double rampe, et surmontée d'un long poteau de bois auquel est adapté un collier de fer que resserre, comme une griffe de vautour, une énorme vis à bras. Devant le poteau est un chevalet pour le patient ; derrière, un tabouret pour le bourreau.

Le condamné quitte sa monture et franchit, appuyé sur deux prêtres, les marches de la plate-forme.

VI

Le jour d'une exécution à Madrid, une foule immense, composée de plus des trois quarts de la population, se rend, dès l'aurore, au lieu du supplice. Elle arrive à pied, à cheval, à mule, en voiture, pêle-mêle, bruyante, cynique. Les estropiés s'y traînent sur leurs béquilles, les culs-de-jatte dans leurs caisses roulantes. Il n'est pas jusqu'aux aveugles qui ne veuillent assister à l'infâme spectacle et voir de souvenir. Et sans cesse, comme une vague suit la vague, de toutes les rues dégorgent des flots humains toujours plus abondants et plus impétueux.

Pour la majorité de cette populace, la strangulation est une fête !

A l'angle d'un carrefour, assis devant une table, un membre de la Société de la Hermandad, en costume de pénitent, coiffé d'une cagoule, reçoit sur un plateau des aumônes destinées à la famille du supplicié. A portée de sa main est un christ. Si le chef de l'État passe, il s'élance au-devant de la voiture et, le christ levé, demande la grâce du criminel.

Cette grâce ne peut être refusée : le hasard qui conduit le souverain vers le pénitent, est, pour tous, le signe manifeste de la volonté de Dieu.

Encore du moyen âge, mais avec une lueur de sainte auréole.

VII

Vicenta, résolue à bien mourir, monte sans aide sur la plate-forme. Alors, mue par un incroyable sentiment de coquetterie, elle rajuste les plis de sa robe noire et, regardant pour la dernière fois la multitude qui l'entoure, le ciel bleu plein de rayons, elle s'assied sur le chevalet de bois.

Le bourreau lui saisit le cou dans le collier d'acier et, sur un geste du prêtre qui fait réciter des prières à la jeune fille, donne un brusque tour de vis.

Tout est terminé.

Cette tête, si belle le matin, est maintenant défigurée. Les os du cou sont brisés ; la peau, qui était d'une blancheur mate, a pris une teinte livide et répugnante.

VIII

Détail poignant :

Un matin du mois de janvier 1873, un criminel avait le cou dans l'étau. Debout sur le tabouret, l'exécuteur saisit le bras de la vis, fait un effort pour la tourner, puis s'arrête. Le patient est délivré de l'étreinte.

La foule croit à sa grâce. Un immense cri de joie s'échappe spontanément de toutes les poitrines.

La foule se trompait.

La machine était neuve, la strangulation ne pouvait avoir lieu parce que le poteau n'était pas assez aminci. Il fallut le raboter. Ce travail exigea plusieurs minutes. Ce fut horrible.

Le second essai réussit. Les jambes de l'assassin s'agitèrent convulsivement, ses mains se crispèrent sans lâcher l'indulgence que lui avait remise le prêtre... Il avait vécu.

IX

Dès qu'il a fait rentrer la langue d'un coup de pouce, le bourreau est arrêté.

On le conduit devant un tribunal.

— Vous venez de commettre un meurtre, lui dit le magistrat ; présentez votre défense.

— C'était, répond-il, un coupable condamné par la loi ; je n'ai fait qu'exécuter les ordres de la justice.

— Très-bien, vous pouvez vous retirer.

La monstrueuse tragédie se termine en farce grotesque.

Le garrot.

X

Le cadavre d'un régicide est brûlé sur l'échafaud, et ses cendres sont jetées au vent.

Celui d'un criminel vulgaire reste exposé sur la plate-forme jusqu'au coucher du soleil. Des hommes l'emportent ensuite à l'hôpital, dans un cercueil noir aux extrémités duquel est peinte une tête de mort sur des tibias en croix. Souvent, les porteurs sont obligés, pour faire rentrer les bras roidis, de s'asseoir et de sauter sur le couvercle.

Un prêtre préside à cette cérémonie. De vieilles femmes, vêtues de loques, accompagnent, une chandelle à la main, nasillant des prières.

Le corps est déposé dans un angle du *Campo santo,* coin de terre maudit dont la foule s'écarte avec horreur.

XXI

LES MAISONS DE JEU.

Les maisons de jeu sont interdites en Espagne ; mais... elles sont tolérées.

Chaque fois qu'un nouveau gouverneur est nommé

dans une ville, les murs sont tapissés d'une procla-
mation ainsi conçue :

« ESPAGNOLS !

» Vous êtes le premier peuple du monde. Les
vertus chrétiennes, morales et guerrières que vos
ancêtres ont portées si haut, sont toujours votre
règle de conduite, votre but. Vous n'avez pas dégé-
néré. Lacédémone eût été fière de compter au nombre de ses citoyens les descendants illustres du Cid.
Vous êtes la personnification de l'honneur et du
devoir. Votre civilisation est un progrès incessant
vers la lumière, la justice et l'humanité. Vos lois,
empreintes d'une grande sagesse politique, seront
l'éternel objet de votre gloire et de l'admiration
universelle. Sectateurs de la vérité, vous vous reti-
reriez dans les montagnes, comme le philosophe
Héraclite d'Éphèse, si l'erreur et la corruption se
glissaient dans vos principes.

» ESPAGNOLS !

» Un élément de corruption existe parmi vous.
Je vais le poursuivre jusque dans ses refuges les
plus secrets. Que tous les honnêtes gens me prêtent
leur concours, et dès demain la cause du mal sera
supprimée, les infâmes maisons de jeu, qu'ont
tolérées les complaisances coupables de mes pré-
décesseurs, seront closes pour toujours !

» ESPAGNOLS !

» Du calme et de la confiance : des mesures énergiques seront prises pour étouffer tout germe de désordre.

» DON FULANO,

» Gouverneur. »

Ces placards, dont je n'exagère point la burlesque emphase, émeuvent très-peu les joueurs, qui savent lire entre les lignes.

Le lendemain, en effet, de leur publication, la police se présente chez les directeurs de roulette, qui lui donnent une somme proportionnée à l'importance de leur établissement, et le terrible gouverneur, qui bénéficie de ces visites intéressées, approuve les rapports constatant que pas une maison de jeu n'est ouverte dans sa bonne ville.

Voilà comment s'éludent en Espagne les réformes les plus sérieuses ; et c'est bien naturel dans un pays où la meilleure justice — sinon la seule — est celle qu'on se fait soi-même.

On a beau dire aux Espagnols que la justice doit passer avant tout, même avant la vaccine, on perd son éloquence et son temps.

Je me suis parfois pincé le nez dans une rue pour me convaincre que je ne rêvais pas.

Au reste, quelle influence salutaire peut avoir sur les mœurs un gouvernement qui a transformé la loterie en institution d'État? Tous les quinze jours s'effectue un tirage, impatiemment attendu par les vieilles bonnes qui placent leurs économies et leurs espérances sur la roue de fortune.

Chaque loterie rapporte 25 pour 100 au budget. Certes, l'Espagne, qui se débat sans cesse entre la banqueroute et le cours forcé du papier-monnaie, a grand besoin de telles sommes ; mais elle devrait les puiser à des sources moins impures.

On a dit de ses finances qu'elles étaient la bouteille à l'encre. Il eût été plus juste de comparer les caisses de son Trésor au tonneau des Danaïdes. A peine sont-elles au quart remplies, qu'elles se vident... dans la poche des ministres.

« Volez un pain, dit tristement le peuple, vous irez en prison ; volez un million, vous irez en voiture. »

Le fait est qu'il est peu de ministres, — ne restassent-ils que trois semaines au pouvoir, — qui ne se retirent gorgés d'or. Ils sont au budget ce qu'une éponge est à l'eau. Ils aspirent les bourses des contribuables jusqu'à leur absorption complète. Le pays se plaint alors, et c'est une grande faute, car ses plaintes, entraînant la chute du cabinet, en amènent un nouveau dont la force de succion est extraordinairement développée par le vide absolu de ses poches, aggravé de nombreuses dettes.

Chaque cri de l'indignation publique provoque

une crise. Depuis quelques années, une véritable avalanche de ministères, fondant sur l'Espagne, l'a ravagée comme une plaie de sauterelles.

Le pillage des hordes barbares n'était qu'un médiocre tour de muscade, comparé aux dilapidations révoltantes de certains hommes d'État, capables d'enlever l'épiderme d'un mouton pour ne rien perdre de la laine.

Les mesures qu'ils ont prises pour se créer des ressources sont presque toutes aussi déplorables que funestes.

En frappant de droits excessifs l'entrée des marchandises, ils semblent avoir voulu favoriser le développement de la contrebande.

En organisant des loteries, ils semblent avoir voulu donner l'exemple du jeu.

Les directeurs de roulette se prévalent de cette situation et se moquent volontiers des tracasseries de la police.

Étudions leurs établissements, les croupiers qu'ils emploient, les joueurs qu'ils attirent.

Les maisons les plus importantes dissimulent leur industrie sous l'une de ces étiquettes fantaisistes : *Cercle* ou *Casino*. Sur le pas de la porte extérieure et dans l'escalier sont placés des surveillants. Trois autres sont en haut, assis devant l'entrée, pareils aux contrôleurs d'un théâtre. Si un inconnu se présente, ils le prient d'exhiber la carte attestant qu'il est membre du cercle. Ceci pour la forme. Les habiles ne s'y trompent pas : ils savent que les *fonds* étant tout, la forme n'est rien.

On traverse un cabinet où le directeur offre des *puros* à ses connaissances, et l'on entre dans la salle de lecture, richement décorée, où sont classés, sur une table recouverte d'un tapis à frange de soie, entre deux vases du Japon débordant de fleurs, les principaux organes politiques et littéraires de l'Europe et des États-Unis. Une petite porte ouverte dans un angle, conduit à la salle de roulette.

Ici règne une lumière mystérieuse, doucement tamisée par des stores chinois.

Au milieu d'une grande table est un cercle divisé en trente-huit cases, rouges et noires, numérotées. Ces cases sont reproduites sur le tapis vert de la table, des deux côtés du cercle, dans lequel est adapté un cylindre mobile.

Assis sur une chaise haute, le chef de partie surveille les coups.

L'un des croupiers tourne le cylindre dans un sens et lance une boule d'ivoire dans l'autre.

— Messieurs, faites vos jeux.

Le tapis est bientôt inondé de billets de banque, d'argent et d'or.

La boule décrit un mouvement centripète, trébuche, sautille, s'arrête dans une case.

— Rien ne va plus. — 23, rouge, impair et passe.

Les croupiers jettent des duros et des doblons, promènent leurs râteaux sur les piles de pièces, qui tintent et reluisent.

Qu'ils gagnent ou perdent, les joueurs restent impassibles. Parfois, l'un d'eux allume une cigarette, qu'il aspire fortement : c'est le seul indice d'émotion que puisse découvrir l'observateur le plus attentif.

La ponte se fait sur les chiffres, les colonnes, les douzaines, rouge ou noire, impair ou pair, passe ou manque.

Les bons joueurs attendent la veine, chargent quand ils gagnent, se modèrent quand ils perdent, se précautionnent toujours contre le zéro, qui, sortant en moyenne quatre fois par heure, assure à la banque 25 pour 100 de bénéfices sur la totalité des mises.

Quelques-uns jouent la répétition des numéros, d'autres les séries.

Les joueurs à systèmes sont nombreux. Ils arrivent avec des tas de notes, proclament leurs calculs infaillibles et finissent par se ruiner.

La roulette est un instrument mathématique qui déroute les plus savantes combinaisons. Une des plus simples et des meilleures est la martingale, qui consiste à doubler la somme perdue sur le coup précédent.

Je suppose que je ponte 2 fr. sur rouge et qu'il

sorte une série de noires. J'obtiens cette progression : 2, 4, 8, 16, 32, 64, 128, 256, 512, 1024... Le maximum étant 2,000 fr., si la noire est amenée onze fois, je ne peux plus doubler, et pour gagner 2 fr., j'en ai perdu 1024..

Les joueurs à préjugés m'ont toujours très-agréablement diverti.

Voici un monsieur qui, certes, n'est pas bête, puisqu'il est juge ou fut ministre. Il prend un jeu de cartes, qu'il mêle et coupe trois fois de suite : selon la figure qui est sous la troisième coupe, il ponte sur les numéros impairs ou pairs de telle ou telle douzaine. S'il gagne, il le trouve tout naturel; s'il perd, il s'en étonne de bonne foi. « C'est étrange, dit-il à son voisin ; coupez, vous aurez peut-être la main plus heureuse. » La chance continue-t-elle à lui être contraire, il demande d'autres cartes et fait changer la boule d'ivoire.

Les croupiers touchent de forts appointements, accrus de belles gratifications. Mais l'or, qu'ils manipulent sans cesse, finit par exercer sur eux la fascination du serpent sur le rossignol, et bien rares sont ceux qui ne trompent pas la surveillance active des ponteurs gagés qui les espionnent. Arrangent-ils leurs manchettes ou leur faux-col, ne vous trompez point à ce petit manége : ils glissent une pièce dans leur chemise. Un jour, l'un d'eux tira un pétard sous la table. Épouvantés, les joueurs se sauvèrent par les portes et les fenêtres. Lui, tranquillement, mit la caisse sous son bras et se disposait à sortir, lorsque le secrétaire lui barra le chemin. « Où allez-vous ? » lui demanda-t-il. « Je sauve la caisse ! » répliqua le drôle avec aplomb. Il avait négligé de la dissimuler sous son paletot.

A côté des cercles et casinos, mais bien au-dessous, sont des établissements interlopes ouverts à tout le monde. Ils ont des émissaires postés au coin des rues, qui vous accostent sous le prétexte d'allumer leur cigarette à votre cigare, et font miroiter dans votre cervelle la séduction des richesses gagnées en quelques heures. Souvent ils vous ont vu causer la veille avec un général et ne craignent pas de dire qu'il vous attend chez eux.

Ces maisons sont de vraies tabagies. Au milieu d'une atmosphère enfumée grouillent des personnes de tout âge. Des jeunes gens et des vieillards jouent avec passion, à la lueur d'une lampe voilée. Certains, venus pour filouter, sortent de temps en temps quelques pesetas, les comptent, prennent des notes et pontent... avec l'argent des voisins. Les disputes sont fréquentes. De gros diables de garçons remplissent le rôle de dogues. Beaucoup de directeurs de ces tripots, prétend la rumeur publique, excitent et grisent leur clientèle « avec de la rognure d'ongles dissoute dans la bière ! »

La passion du jeu est tellement invétérée, qu'on

voit, dans les *loterias,* des hommes résister, pendant toute une soirée, aux ennuis du loto.

Je ne crois pas la suppression des maisons de jeu plus possible que celle des courses de taureaux. Cette réforme est au-dessus des forces d'un législateur espagnol, fût-il doué du génie de Lycurgue et de la sagesse de Solon.

XXII

LE MARCHÉ AUX CHEVAUX.

On arrive au champ de foire par la porte de Tolède.

Cette porte monumentale fut bâtie pour fêter le retour de Ferdinand VII après sa captivité de Valençay. La hauteur en est de vingt-quatre mètres. Elle a trois ouvertures, l'une en arc et deux carrées, flanquées de colonnes et de pilastres ioniques. Des groupes se dessinent au-dessus de l'attique : ils représentent, d'un côté, les armes de Madrid, et de l'autre, l'Espagne protectrice des beaux-arts. Des trophées militaires surmontent les portes latérales. Sur le couronnement est cette inscription, que la municipalité aurait dû depuis longtemps effacer :

A Fernando VII el deseado, padre de la patria,

restituido à sus pueblos, esterminada la usurpacion francesa, el ayuntamiento de Madrid consagro este monumento de fidelidad, de triunfo, de alegria. Año de 1827.

La porte franchie, on oblique à droite, et l'on se trouve bientôt sur un terrain rectangulaire où se presse la foule des bipèdes et des quadrupèdes. Deux rangées d'arbres maigres, des cabarets et des hangars, entourent la place. En bas s'étendent, du nord-ouest au sud-est, les sables humides du Manzanarès, et, plus loin, la campagne montueuse, que bornent à l'horizon les flancs bleus du Guadarrama.

La foire est très-animée. Les chevaux hennissent, les ânes braient, les hommes crient et blasphèment; c'est un tohu-bohu plus discordant que celui qui dut éveiller les échos de l'Éden le septième soir de la création. Mais ceux qui font le plus de bruit sont les gitanos. Coiffés d'un chapeau de feutre gris à larges bords, vêtus d'un pantalon collant et d'une veste ronde, ils se promènent, la main droite armée d'un bâton de six pieds, la main gauche posée sur une ceinture en laine dont les plis mystérieux recèlent tout un arsenal d'horribles coutelas. Ils ressemblent à ces bonshommes en pain d'épice que certains lauréats de l'École des beaux-arts rapportent des marais Pontins. L'astuce et la férocité sont le caractère dominant de leur physionomie. On éprouve au milieu d'eux la sensation désagréable d'un voyageur

18.

cerné dans la Sierra-Morena par une troupe de bandits. Ils sont marchands d'ânes et de chevaux, fort
adroits dans leur commerce. Lorsqu'ils ont volé
quelque bête et la présentent sur le champ de foire,
le propriétaire ne saurait la reconnaître. Si elle était
blanche, ils l'ont peinte en noir ou en gris pom-
melé, ce qui plonge plus tard l'acheteur dans une
stupéfaction facile à comprendre. Parfois même ils
coupent jusqu'à la racine la queue de la malheureuse bourrique et lui en vissent une autre d'une
couleur différente. Personne n'élève plus haut l'art
de la friponnerie. Il faut les voir à califourchon, non
pas sur les reins, mais sur la croupe de rossinantes
ankylosées, essoufflées, qui courent encore par je
ne sais quel miracle de mécanisme musculaire!
Leurs yeux rayonnent, leur bouche grimace un sourire, ils sont effroyablement beaux. Figurez-vous
Méphistophélès en triomphateur romain!

Les marchés se concluent toujours au cabaret,
entre deux verres d'aguardiente, et trop souvent la
signature est gravée dans le ventre de l'un des con-
tractants par la terrible navaja.

Des groupes d'ânes, la plupart muselés avec une
chaussette bleue, se reposent sur trois jambes, la
quatrième légèrement appuyée sur la pointe du
sabot. D'autres causent d'une façon tout amicale.
Ils se frottent le museau, rejettent les oreilles en
arrière, donnent un coup de queue à droite et

à gauche, surveillant du coin de l'œil les mauvais drôles qui, sans motif, en passant, les frappent de leurs bâtons noueux. On se demande ce que ces pauvres quadrupèdes doivent penser de nous. Certainement ils nous méprisent et n'ont pas tort, nous pouvons l'avouer entre hommes, même sans être membres de la Société Grammont.

Au temps où les bêtes parlaient, — et je suis sûr que la race n'en est pas entièrement perdue, — je me serais fait un plaisir de les questionner sur le genre qui se dit humain. Ou je me trompe fort, ou j'aurais reçu cette réponse peu flatteuse : « Mon cher monsieur, vous êtes des égoïstes et des ingrats. En échange de nos services, vous nous maltraitez, et, lorsque nos dos se sont pelés sous le bât, que nos jambes se sont usées à tracer des sillons, vous nous envoyez aux sangsues ou aux courses de taureaux. Vous criez sans cesse contre le despotisme, quand chacun de vous s'érige, dès l'enfance, en tyran qui nous harcèle et nous tue. La raison, dont vous vous croyez seuls doués, ne serait-elle qu'une aberration mentale ? Vous prenez la violence pour la force, et, parce que nous dédaignons de vous décocher notre coup de pied, que vous appelez le coup de pied de l'âne, vous vous décernez pompeusement le titre de roi des animaux. Dites roi des bêtes, et nous opinerons des deux oreilles. »

Cette ruade serait méritée. Soyons philosophes et

rangeons-nous tous avec humilité sous l'étendard où flamboie en lettres d'or cette inscription *humanitaire :* « Respect aux animaux ! »

XXIII

PETITS SECRETS D'ÉGLISE

I

LES PÉNITENTS DU MONDE

Le soir, quand le vulgaire est sorti des églises, on remarque çà et là, dans l'ombre épaisse des pilastres, des formes humaines agenouillées. Les dernières clartés du jour, tamisées par les vitraux, allument sur les dalles de bizarres dessins ; un silence solennel règne sous les voûtes. Bientôt un pas lourd, que scande un bruit de clefs, retentit dans la nef sonore. Avant de fermer les portes, le sacristain passe à côté des retardataires, qui prient et baisent dévotement le sol, abîmés dans l'examen de leur conscience.

— Désirez-vous faire pénitence ? demande-t-il à voix basse.

— Oui, répond chacun d'eux.

— C'est bien ; suivez-moi.

Tous se lèvent et l'accompagnent, les mains

jointes, les lèvres fiévreusement agitées, sans prononcer un mot. Ils descendent par un escalier étroit dans un souterrain humide qu'éclaire de lueurs indécises une lampe suspendue au plafond. Là, tous les pénitents se déshabillent et, décrochant des lanières plombées, s'administrent mutuellement d'effroyables coups sur les chairs nues. Les souffrances doivent être horribles; mais pas une plainte, pas un soupir ne les trahit.

Lorsque chacun, couvert de sueur et de sang, est à bout de forces, le sacristain clôt la séance. Tous remettent leurs habits et, s'appuyant aux murs, pâles comme des fantômes, se traînent péniblement dehors.

On se demande avec stupeur quels crimes ont commis ces malheureux pour s'infliger de telles corrections? Qui sait? peut-être un homicide; peut-être un simple péché véniel !

II

LE NOMMÉ CRISTO

Un de ces pénitents du monde avait la douce manie des conversions. Il rencontre un gitano.

— Veux-tu, lui dit-il, rompre avec tes habitudes sacriléges et te convertir à la religion de mon Dieu?

— Ça rapporte-t-il quelque chose?

— Je te donnerai cinq francs chaque fois que tu iras à confesse.

— Un duro!... Caramba! mon prince, à ces conditions, j'irai tous les jours... et même deux fois par jour, si vous y tenez!...

—Viens, ne laissons pas à ton zèle le temps de se refroidir.

— Vous me payerez d'avance?

— Sur le seuil de l'église.

— Que Votre Excellence daigne me montrer le chemin.

Le gitano se rend tout joyeux au tribunal de la pénitence.

—Mon fils, lui dit le prêtre, tu ne dois rien savoir des saintes Écritures?

—Absolument rien, répond le singulier pécheur en lustrant avec un peu de salive, du bout des doigts, ses cheveux plaqués sur les tempes en oreilles de chien.

—Écoute et profite de mes instructions. Des scélérats ont assassiné le nommé Cristo...

— Hein?... on a tué le nommé Cristo?...

— Oui, en le clouant au gibet... Eh bien! où vas-tu donc?...

Le gitano se sauve à toutes jambes.

— Fuyons! dit-il à ses camarades; on a pendu Cristo, nous sommes sûrs d'être accusés!...

Et tous décampent au plus vite, de peur d'être pris pour les meurtriers du Christ!

AUTOUR DE MADRID

AUTOUR DE MADRID

I

LA QUINTA DE GOYA

A cent cinquante mètres environ du pont de Sé-
govie, au sud-ouest du chemin de *la Ermita de San
Isidro*, un petit sentier bordé d'arbres conduit à la
Quinta de Goya.

Cette maison, d'apparence bourgeoise, est située
sur une colline d'où l'on découvre le *Palacio Real*,
assis sur son piédestal de contre-forts et de terrasses,
l'Armeria, San Francisco, San Andres et toute la
partie de Madrid qui s'étage sur les bords du fleuve,
de *las Pulgas* à la *montaña del principe Pio*.

Le propriétaire actuel [1] est un ancien journaliste,
le baron Saulnier, qui vit entre sa carabine et
d'énormes chiens de montagne.

Vous sonnez à sa porte :

— *Quien ?*

[1] J'écrivis ces lignes en 1873. Depuis, le propriétaire a
changé.

Cette demande sèche, impérative, frappe l'oreille comme un coup de clairon.

Vous voyez bientôt, une canne à bec-de-corbin sur le bras, fumant une longue pipe et précédé d'un joli chat de gouttière, un homme nerveux, à barbe poivre et sel, dont le visage se déride dès qu'en son visiteur il reconnaît un ami.

Cet excellent M. Saulnier se fait un masque de bronze, car il a tout à craindre des audacieux larrons qui parcourent les campagnes. Une nuit, il fut attaqué par quatorze brigands. En travers de chacune de ses portes couche un domestique armé. Il quitte peu sa retraite.

Que de fois, en dégustant une bouteille de vin de France, avons-nous mangé des œufs frais sur sa table couverte d'un numéro de la *Correspondencia,* qu'il appelle « la nappe du journaliste ! » Que de fois avons-nous contemplé les fresques du dernier grand peintre de l'Espagne, dont il est l'heureux possesseur !

Ces fresques, ou plutôt ces peintures à l'huile sur plâtre, sont tout d'abord remarquables par la fougue et l'audace.

Au salon du rez-de-chaussée, à droite en entrant, un des grands côtés représente une fête espagnole d'une singulière composition. Les types du plus bas peuple s'y trouvent réunis. Sur le premier plan est un groupe de figures vêtues des loques les plus sales qu'on puisse voir à l'étalage d'un bric-à-brac du *rastro*. Le principal personnage, la poitrine velue, en bras de chemise, gratte avec frénésie une épaisse guitare et nasille, la bouche ouverte comme un four, une improvisation du cru. Au second plan, quelques femmes, à moitié cachées par les accidents d'un terrain crayeux, font partie d'un autre groupe. Des mantilles du dix-huitième siècle, noires ou blanches, encadrent leurs chairs rosées où le gris argente les reflets avec une extrême délicatesse de sentiment. Aux femmes se mêlent d'affreux bonshommes drapés jusqu'aux yeux dans de vieux manteaux bruns, le reste du visage dissimulé par l'ombre d'un chapeau plat, râpé, noir roux. Un point lumineux, de la grosseur d'un radis, perce l'obscurité générale : c'est le nez, dont on ne voit que le bout, obtenu par un coup de pouce trempé dans un ton clair. Beaucoup de têtes de formes diverses, ovales, rondes, étiolées, bouffies, gris-jaune, rouge briqueux, le plus souvent peintes avec du noir et du blanc, forment un ensemble harmonieux où la science des valeurs n'est jamais négligée.

L'autre côté de la salle représente une assemblée de sorcières. Un vieux bouc aux cornes longues, fortes, tordues, accroupi sur le dos, préside la séance. Que dit-il à ces faces pointues, grasses, maigres, museaux de toute espèce et de tout caractère, à mâchoires rentrées ou proéminentes, moulés sur une série d'animaux de toutes races ?... Assise hors du groupe, une jeune femme au sourire narquois, la mantille rabattue, les deux mains passées dans un petit manchon noir, contemple avec un intérêt très-vif les mouvements de l'auditoire. Sa tête, vue de profil, est rendue avec une simplicité surprenante. Un point noir produit un œil plein d'expression, un coup de doigt sous le nez forme une bouche légèrement et malicieusement relevée.

Cette œuvre est celle du caricaturiste devenu grand peintre. Goya est ici coloriste avec quatre tons exploités dans leurs ressources multiples. Le blanc, le noir, l'ocre jaune et le brun rouge remplacent toutes les couleurs d'une palette compliquée. Il sait employer le noir dans ses chairs et obtenir les bleus de la peau avec une finesse remarquable. Le coloriste ne s'affirme donc pas dans la diversité des couleurs, mais plutôt dans la combinaison des valeurs. Des maîtres tels que le Greco, Véronèse, Velazquez et beaucoup d'autres que je ne cite pas, l'ont démontré. Dans cette fresque, Goya prouve une fois de plus que le noir et le blanc sont, en peinture, la base de toute harmonie, et que les sobres de couleurs sont, à toutes les époques, restés les inattaquables. Le grand art ne suit pas la mode ; il ne saurait s'abaisser jusqu'au vil charlatanisme.

Jetons maintenant un regard sur le portrait en pied de la duchesse d'Albe et admirons la chair du

visage, — presque une teinte plate de rose animé.
Les yeux sont encore deux points noirs; le nez est
un autre coup de doigt assez réussi; la bouche, un
troisième en travers, trempé dans le rouge. L'effet
est produit, le but atteint. Un glacis de noir coupe
la face et simule parfaitement un voile léger. Le
visage, plus rouge que le cou et la gorge, qui sont
d'une transparence et d'une blancheur éclatantes,
donne à l'ensemble un aspect fort étrange. La robe,
de satin noir, serre la taille et laisse voir deux souliers de satin blanc à bouffettes, simples de facture
comme le reste. L'attitude est naturelle : un bras,
sur lequel repose la tête, est appuyé sur un immense
bloc de terre que surmonte une petite balustrade de
style élégant. Le tout se détache sur un fond gris
d'une tonalité extrêmement fine. De près, c'est une
grande esquisse; de loin, un portrait achevé.

Saturne dévorant ses enfants est une fantaisie
terrible, mais d'une exécution par trop légère. Le
sang jaillit sous les dents du dieu, la tête d'un
affreux fœtus est déjà dévorée... C'est répugnant
sans beaucoup d'art.

La Mort dînant avec une sorcière est bien de son
auteur, qui aimait les plaisanteries lugubres. La
sorcière aux yeux de chat, au nez mouvant, au menton crochu, ridée comme un vieux marron sec, et
d'un ton vert-de-grisé qui donne la colique, regarde,
avec un sourire fendu jusqu'aux oreilles, un ignoble

personnage à tête de mort, visqueux comme un crapaud, exhumé sans doute après plusieurs années de sépulture. Elle l'invite à partager un repas qui, si l'on en juge sur l'apparence, doit dégager une odeur singulièrement désagréable.

Une autre composition de moins d'importance complète la décoration de cette salle. Un magicien, vêtu d'une robe bariolée à larges manches, cause, sa baguette à la main, avec quelques figures accessoires.

Montons au premier étage.

Voici d'abord les entremetteuses. De jeunes seigneurs, gens de cape et d'épée, donnent des lettres et des ordres à de vieilles femmes dont les traits suintent le vice, hideuses corruptrices des vierges naïves. Au fond se déroule un pays fantastique. Des rochers gigantesques paraissent près de s'effondrer sur le groupe sinistre.

En face, deux gallegos en costumes bruns, les cheveux tombant jusqu'aux sourcils, s'administrent, farouches, une volée de coups de gourdins. Au dernier plan, des taureaux sauvages de couleur rouge, paissent dans un paysage d'un vert d'émeraude.

Deux pendants :

1° Des hommes du peuple se ruent sur un personnage en manches de chemise qui lit un journal. La nouvelle doit être grave, car les oreilles sont tendues et les visages grimacent d'une façon bizarre.

Ce sujet est peint vigoureusement dans le blanc et le noir.

2° Des femmes du peuple, d'une belle harmonie grise, entourent un homme en chemise, la poitrine découverte, les cheveux hérissés, les muscles contractés par la douleur, qui se frictionne le ventre des deux mains, comme s'il avait mangé des champignons vénéneux. Les femmes rient à se tordre, je ne sais trop pourquoi.

Viennent ensuite les Parques, assises sur un gros nuage floconneux d'où s'échappent des rayons argentés. L'une tient une statuette d'enfant à laquelle pend un fil, symbole de la naissance de l'homme et de sa vie, que les vieilles vont filer et couper. Cette peinture est d'une exécution beaucoup plus serrée que les autres.

La sixième et dernière fresque est d'un intérêt médiocre. Des guerriers s'approchent d'une ville qui, bâtie au sommet d'un roc, paraît inexpugnable.

Sur ces douze morceaux, uniques dans l'œuvre de Goya, il en est au moins six d'une originalité puissante, d'une conception dantesque, qui figureraient avec honneur dans n'importe quelle galerie. Je les signale aux Musées européens.

II

LES « GANADEROS »

Depuis longtemps je souhaitais accompagner les *ganaderos* qui vont, chaque semaine, choisir parmi les taureaux sauvages ceux qu'ils destinent aux courses. Alexandre Prevost me procura le plaisir de cette curieuse excursion.

Nous partîmes de Madrid, un matin du mois de juin, à cinq heures, par un temps superbe. Nous avions pris rendez-vous dans une maison située près des arènes, avec un secrétaire d'ambassade et un marquis portugais, grand amateur de tauromachie.

En arrivant à la porte d'Alcala, nous apercevons, monté sur un cheval andalous noir et luisant comme le jais, le ganadero, qui déjà s'impatiente, la lance au poing, le chapeau calañes crânement posé sur le côté de la tête. Ses guêtres de cuir brun agrémentées, montant jusqu'aux genoux, laissent voir, par une échancrure combinée, la jambe nerveuse d'un homme qui a l'habitude des longues étapes sous le soleil. Des genouillères protégent son pantalon en grosse étoffe, à la mode des boucaniers mexicains. Une veste courte, de couleur sombre, soutachée sur les bords et garnie d'une double rangée de boutons de métal, dégage sa taille, que serre et amincit une large faja. Ses brodequins, dont un seul est armé d'un énorme éperon de cuivre aux branches aiguës, reposent sur des étriers arabes. Sa selle de bois, en forme de dos d'âne, est recouverte d'une toison blanche toute frisée.

Le marquis est affublé d'un costume à peu près semblable, mais d'un drap plus fin. Au lieu de genouillères, il a des bottes molles. Une manta rouge à pompons est roulée derrière lui ; une *bota de vino* est accrochée à sa selle de cuir noir.

Le secrétaire d'ambassade, vêtu de nankin comme s'il allait aux eaux, monte un cheval caparaçonné à l'andalouse.

A l'arçon de Prevost pend un album de toile écrue.

Après plusieurs heures de marche, nous faisons halte devant une cabane, au bord d'une rivière dont le lit est à sec. Nous roulons une cigarette, et bientôt un immense hanap, qui circule de main en main, rempli d'un liquide généreux, est mis à sec comme la rivière.

Nous continuons notre route, dont nous n'avons encore parcouru que la moitié. La chaleur recommence à se faire sentir. Le cheval de Prevost, séduit par les douceurs d'un bain, tente de se coucher dans un ruisseau bourbeux ; un coup de cravache l'empêche d'accomplir cette mauvaise plaisanterie.

19.

Un vaste horizon se déploie devant nous ; quelques taches noires, singulières et grouillantes, se distinguent au loin dans la plaine.

Nous nous enfonçons dans un chemin bordé de bruyères, de genêts, d'herbes et de plantes de toute espèce. Après mille circuits capricieux, nous pénétrons dans une gorge sauvage, et, tout à coup, les points noirs que nous regardions depuis deux heures, nous apparaissent nettement : — ce sont les taureaux.

La hutte des bouviers est construite en forme d'éteignoir. Armés d'une fronde, ces hommes s'en servent avec une adresse extraordinaire. Ils manquent rarement leur but.

Le déjeuner qu'ils nous préparent se compose de garbanzos, de pommes de terre, de piment rouge et de lard, le tout contenu dans un seul plat posé sur le plus simple des braseros : un trou creusé dans le sol. Munis d'une cuiller en corne à manche court, nous nous asseyons en cercle, et, comme les soldats, chacun puise à la gamelle. Alors, sous l'influence des épices, se racontent des histoires capables d'effaroucher la maîtresse d'un sapeur.

Le marquis nous offre du poisson en conserve ; mais il a tant joué de sa musette de vin, qu'elle a rendu l'âme en route.

Nous remontons en selle et suivons dans un chemin creux le chef des ganaderos, qui s'avance, la pique haute, pareil à un chevalier des temps héroïques, vers des groupes de bêtes que chassent à coups de fronde les ganaderos à pied.

Nous nous promenons durant une heure à travers une forêt de cornes mouvantes. Effrayé par les mugissements des taureaux et le sifflement des pierres, le cheval du marquis se livre à mille pirouettes extravagantes, se cabre, rue, s'emporte et, d'un bond de côté, lance son maître au milieu d'une mare. Le pauvre Portugais en sort dans un état déplorable. Il se déshabille, nettoie ses beaux habits espagnols, les étend au soleil et, tout nu, le calañes sur la tête, reste accroupi jusqu'à ce qu'ils soient secs. Prevost le crayonne en charge du guerrier romain de Velazquez.

Après de longues manœuvres et des dangers réels, forcées par la lance et les frondes, huit bêtes, choisies pour les courses, sont séparées du troupeau sauvage et dirigées vers Madrid. Elles marchent entre le chef de l'expédition, qui les précède toujours, et deux ganaderos à pied, vêtus de velours bleu clair et coiffés d'un mouchoir rouge à large nœud, que surmonte un calañes à gros pompons. Deux ganaderos à cheval et les invités ferment le cortége. Des lévriers à long poil gambadent et chassent sans nous perdre de vue.

Nous traversons un village composé d'une vingtaine de maisons. Sur les toits de tuiles rouges et l'immense croix de pierre qui s'élève au milieu de la place principale, sont grimpés des gamins, des hommes et des femmes munis de bâtons et de cailloux. Le soleil baisse, leurs silhouettes se détachent en vigueur sur un vaste fond d'or.

Assourdis par des vociférations effroyables, aveuglés par l'épais nuage de poussière que soulève notre course vertigineuse, nous passons ventre à terre sous une grêle de traits adressés aux taureaux.

Un cri sourd se fait entendre : c'est le marquis portugais qui vient de recevoir un pavé sur le crâne. Son calañes est perdu ; le sang qui s'échappe de sa blessure gâtera ses beaux vêtements espagnols déjà bien endommagés ; mais ces petites misères ne sont rien, comparées au plaisir qu'il aura de raconter à ses compatriotes les émouvantes péripéties de sa mémorable excursion.

Devant nous, les montagnes du Guadarrama se découpent en bleu intense sur un ciel enflammé où s'harmonisent tous les tons de la palette. Les taureaux, avec leurs puissantes cornes, et le chef des ganaderos, avec sa longue lance, s'enlèvent nettement, comme à l'emporte-pièce, sur l'horizon lumineux et prennent des proportions fantastiques. L'aspect est grandiose.

Le soleil se couche ; le décor change.

Du chemin d'Alcala, nous apercevons les clochers

Les ganaderos.

de Madrid qui s'estompent dans l'azur étoilé. La route, d'abord déserte, se peuple et s'anime aux approches de la ville.

Nous arrivons à neuf heures par un magnifique clair de lune.

Le marquis, tête nue, un bandeau sur le front, tout fier de son piteux état, adresse des saluts protecteurs aux belles promeneuses qui le regardent et rient derrière leur éventail. La charge du guerrier romain de Velazquez s'est transformée en parodie d'un Amour de Watteau.

III

A TRAVERS LA NEIGE

Le Guadarrama, pierreux, abrupt, presque toujours couvert de neige, même sous le soleil brûlant de l'été, souffle nuit et jour sur Madrid des pneumonies et des angines mortelles.

Le climat de la Castille ressemble beaucoup à celui de Cayenne. Vous respirez le clair de lune, le soir, au Salon du Prado; vous y admirez deux choses incomparables dans les deux hémisphères : le ciel et les femmes; tout à coup une bise subtile, insensible, qui n'éteindrait pas une allumette, descend des hauteurs nacrées de l'horizon, vous enveloppe, vous pénètre et vous tue.

Le Nord et le Sud, dédaignant la géographie, se sont donné rendez-vous dans cet immense cirque au milieu duquel s'élève Madrid.

Quoique l'unité de lieu soit respectée dans la scène que je vais décrire, on jurerait qu'elle se passe sous les deux latitudes les plus opposées, — le pôle et l'équateur.

—

Un de mes amis, qui appartient à l'une des meilleures familles d'Espagne, me proposa une partie de chasse dans sa propriété de Rascafria.

Accompagnés de deux domestiques, nous partîmes à trois heures de l'après-midi pour Colmenar, où nous couchâmes. Cette nuit est la plus mauvaise que j'aie passée depuis le siége de Paris. A défaut de bois, les habitants brûlent du fumier desséché.

L'usage de ce combustible est très-certainement de tradition mauresque. Grattez l'Espagnol, vous retrouvez toujours l'Arabe.

—

Le lendemain, dès l'aurore, nous montâmes à cheval et nous dirigeâmes, escortés d'un garde, vers Colmenar *viejo*.

Quelques minutes plus tard, une pluie fine, pénétrante, nous força de prendre le trot.

A dix heures, nous fîmes un bon déjeuner, copieusement arrosé de *valdepeñas* et de fine champagne, qui nous sauva la vie; — je dirai pourquoi.

Cinq heures de marche au travers de sentiers difficiles nous séparaient encore du but de notre voyage. La pluie avait cessé, un soleil radieux resplendissait dans l'azur. Nous allâmes pendant un kilomètre à pied. Les domestiques suivaient avec les chevaux.

Soudain, à un détour de la route, apparurent des taureaux sauvages, — les plus renommés des arènes de Madrid, — lancés vers nous au grand galop. Ils arrivaient la tête basse, la queue tendue, farouches. Leurs gardiens les poursuivaient à coups de fronde. A chaque pierre qui passait en sifflant, les bêtes mugissaient, brandissant leurs terribles cornes.

Nous bondîmes derrière un mur.

A quelques pas, un paysan fut éventré sans que nous pussions lui porter secours.

—

En arrivant au *raso de los toros*, un vent froid, très-vif, nous cinglait le visage. La grêle tombait, épaisse, tourbillonnante. Nous nous enveloppâmes complétement dans nos couvertures. Il nous était difficile de nous maintenir en selle.

Au Puerto, le sol disparaissait sous la neige. Indécis entre deux chemins, le garde nous fit prendre une fausse direction.

Nous nous perdîmes.

—

De quelque côté que se dirigeassent nos regards,

partout se déroulait, immense sous un ciel blafard, un horizon de neige.

Pas un arbre, pas une maison.

Nos chevaux glissaient et tombaient.

Nous vîmes une bande de loups dévorer avec acharnement quatre mules mortes de froid et couvertes de capes.

Des poulains sauvages, blancs du côté où la bise fouettait la neige, noirs de l'autre, couraient affolés, les naseaux fumants, la crinière éparpillée, — fantastiques!

—

Nous marchions, nous marchions toujours... et toujours le même horizon implacable s'étendait devant nous à perte de vue!

Et la neige tombait sans cesse, à flocons pressés!

Et depuis quatre longues heures nous allions au hasard, grelottants, silencieux!

Une idée de suicide, d'abord indécise, puis nette, persistante, traversa nos cerveaux, s'y fixa, absorba toutes nos pensées.

Nous résolûmes de ranger nos bêtes en cercle autour de nous pour nous faire un rempart, de nous coucher, serrés les uns contre les autres, et de nous endormir pour l'éternité!

—

Fort heureusement survint un paysan qui conduisait un âne chargé de bois.

Le pauvre quadrupède, essoufflé, se soutenait avec peine, et c'est avec de grands efforts, en trébuchant, qu'il obéissait à la voix de son maître.

Ce brave homme nous dit que nous étions à cinq lieues — cinq lieues espagnoles ! — du village vers lequel nous nous dirigions.

Postas *viejo* n'était qu'à une lieue ; mais il doutait que nous pussions y arriver.

Nous nous remîmes en marche.

Nos couvertures, gelées sur nos épaules, ressemblaient à d'énormes blocs de cristal.

Des ânes, crevés et ballonnés, jonchaient le sol çà et là.

La nuit nous enveloppait comme un suaire.

Nos chevaux étaient fous ; nous étions désespérés.

Partout la neige, rien que la neige ! Le blanc nous aveuglait, l'angoisse nous serrait le cœur. Nous n'osions nous regarder ; nous n'avions plus ni la volonté ni la force de desserrer nos lèvres blêmes ; anéantis, nous attendions la mort, nous la souhaitions.

———

Tout à coup, un point noir nous apparut : c'était une lumière !

C'était Postas *viejo !*

Enfin !...

Nous frappâmes à la meilleure auberge.

Il fallut descendre mon ami de cheval. Il marchait difficilement, les jambes roides, écartées.

Nous changeâmes de costume. Nos vêtements se tenaient debout en gardant la forme de nos corps.

On alluma un grand feu et l'on servit un excellent souper.

La fille de la maison, jeune et ravissante Castillane vêtue d'un corsage de velours et d'une jupe gris perle, fit de nouveau battre nos cœurs, et, grâce à sa gentillesse et à ses bons soins, nous mangeâmes avec grand appétit.

J'ai la certitude que si nous n'avions bu très-abondamment des vins généreux à notre déjeuner, nous serions morts en route.

———

Vous raconterai-je notre chasse?

Non; après le récit de ce terrible voyage, elle n'offrirait qu'un médiocre intérêt.

Je suis, du reste, un très-mauvais chasseur. Vous n'en douterez plus quand je vous aurai dit que, parmi le gibier de toute espèce que nous rapportâmes à Madrid, je n'avais tué qu'un lièvre...

Encore me l'avait-on préparé en lui cassant une patte !

EN ESTRÉMADURE

EN ESTRÉMADURE

I

DE MADRID A MERIDA

Huit jours avant Pâques, je reçois cette lettre :

« MON CHER AMI,

» Voulez-vous assister à un spectacle étrange, — quelque chose comme un « mystère » joué par les Galimafrés du quinzième siècle ? venez tout de suite à Merida.

» Certain de l'effet que produira sur vous cette annonce affriolante, je vous attends. »

Mon ami devine juste : quelques heures plus tard, je prends le chemin de fer.

J'ai déjà décrit la plus grande partie de la route : les plantations d'oliviers et la Sierra-Morena ; la Manche avec ses plaines immenses, desséchées, sans arbres, sans autre végétation que des plantes salines, au-dessus desquelles on croit toujours voir s'enlever dans une gloire Don Quichotte et Sancho

Pança ; de loin en loin, des villages, dont quelques-uns sont habités par des bandits qui dévalisent les trains comme de simples diligences ; de rares moissons brûlées par le soleil et ravagées par les sauterelles ; les mines de mercure d'Almaden et le bassin houiller de Belmez ; çà et là, des forteresses mauresques : el castillo de Almorchon, Magacela, Medellin ; puis des vignes, des collines, des marécages, des bois de chênes, des champs de légumes, de melons et de *sandias*...

J'avais quitté le chemin de fer à Medellin pour visiter le dernier des sept châteaux de la Serena. Monté sur un mauvais cheval, je me rendais à Merida par les routes de traverse. J'allais à l'aventure, au gré de mes désirs. Le lendemain, je croyais arriver. Un paysan m'avait dit que je n'avais plus que trois ou quatre petites lieues à parcourir ; mais ces prétendues « petites lieues » s'allongeaient si démesurément, qu'à neuf heures du soir j'errais dans la nuit sombre, perdu dans les collines et les vallées.

— Suis-je encore loin de Merida ? demandé-je à un homme d'affreuse mine, qui m'observe d'un air peu rassurant.

— Oh ! très-loin, me répond-il ; je vous conseille de coucher à la posada de notre hameau.

— Je n'aperçois aucune maison.

— Marchez ; au premier tournant, à gauche,

vous verrez, écrit au charbon sur un grand mur :
Posada del Sol, c'est là.

Les indications sont exactes. Avant de frapper, je
fais le tour de l'auberge pour me rendre compte de
la disposition des ouvertures et des possibilités de
fuite dans un cas de guet-apens. Derrière est l'écurie, espèce de hangar dont la porte ne ferme pas.

— Bon ! pensé-je, j'aurai mon cheval sous la
main.

Quoique la posada soit isolée et d'aspect sinistre,
je sonne bravement. Une grosse femme se présente
sur le seuil.

— J'ai faim, lui dis-je ; vous reste-t-il quelque
chose ?

— J'ai de tout, monsieur.

— Quoi, par exemple ?

— Des œufs et de la volaille.

— Très-bien. Je désirerais coucher ; pouvez-
vous disposer d'un lit ?

— Certainement, monsieur.

— Montrez-moi la chambre.

J'entre dans une vaste cuisine, mal éclairée par
un velon fumeux. Au fond, dans un angle, est une
alcôve noire, sans autre ouverture qu'une petite
porte qui se ferme en dehors, et seulement au
loquet.

— Voilà : le lit est bon et les draps sont blancs,
me dit la grosse femme.

— A merveille ; je reste. Ah ! donnez-moi donc une bouteille de vin ; j'ai l'habitude d'en faire prendre à mon cheval avec son avoine.

Je le panse moi-même.

— N'enlevez pas la selle, dis-je au garçon ; il dort toujours debout.

Quand je rentre, une excellente omelette au jambon fume dans mon assiette, et dans l'huile bouillante cuit en sifflant une énorme poularde.

Tandis que je mange avec un appétit britannique, quatre hommes, parmi lesquels celui que j'ai rencontré sur la route, entrent et s'assoient au bout de la table. Ils causent à voix basse et me regardent en buvant, du coin de l'œil. Je suis dans un coupe-gorge ; si je me couche, je ne me relèverai pas. Je joue l'indifférence ; je parle avec abandon et dévore les trois quarts de la volaille avec un air d'entière sécurité.

Mon repas fini, j'allume une cigarette.

— Préparez mon lit, dis-je à la femme, je vais un instant fumer devant la porte.

Je laisse mon chapeau sur la table et sors en fredonnant. Dès que j'ai mis les pieds dehors, je me dirige vers l'écurie, détache doucement mon cheval, saute en selle et pars au triple galop.

J'ignore quelle fut ensuite l'attitude des bandits ; mais ils durent être singulièrement désappointés.

II

MERIDA

La première chose qui frappe mes regards en entrant à Merida, est une scène d'une piquante originalité. Zacharie Astruc peint une aquarelle sous la protection d'un garde qui, le sabre au vent, repousse et contient une trentaine de curieux. Le groupe se compose surtout d'enfants des deux sexes qui ne sont pas même habillés d'une feuille de vigne. Quand il fait chaud, ils vont tout nus, jusqu'à l'âge de puberté.

Un jour, une dame française et sa fille rencontrent, près de la vieille forteresse que baigne le Guadiana, un grand garçon de leur connaissance, en costume d'Adam sorti des mains du Créateur. Il porte sur l'épaule des touffes de laurier-rose qu'il a cueillies dans les îlots. Au lieu de fuir comme un sauvage honteux de sa nudité, le jeune drôle se met à cheval sur ses fleurs, salue ces dames sans éprouver la moindre gêne, et s'entretient longuement avec elles. Charmant tableau, d'une adorable naïveté, que je signale à nos peintres fantaisistes.

La ville est très-riche en ruines romaines. L'arc de triomphe de Trajan, le remarquable pont qui conduit à Badajoz, les vestiges des temples de Mars et de Diane, de l'amphithéâtre, de la *naumaquia,* du cirque et de *los Milagros,* témoignent d'une splendeur que célèbre en termes pompeux la chronique du roi Rodrigue.

Les maisons sont basses, voûtées pour la plupart, fraîches l'été, mais froides l'hiver. Les cigognes construisent leurs nids sur les clochers et sur les toits. Les porcs entrent partout, grognent un bonjour amical, cherchent sous les tables, semblent faire partie des familles. On les égorge devant les portes, en pleine rue.

La place de la Constitution est entourée d'arcades et plantée d'arbres.

Un palmier se dresse à côté d'un vieux couvent qui sert aujourd'hui de hangar.

La campagne est agréable et sûre. Des aigles planent dans l'espace, des vols d'outardes s'offrent aux coups des chasseurs.

III

UN MYSTÈRE

Tous les ans, à Merida, la confrérie de la Passion réunit les curés de la province et met aux enchères le discours qui doit être prononcé sur la place, devant l'ayuntamiento.

Le vendredi saint, dès l'aurore, la foule encombre

la place. Le prédicateur escalade une tribune primitive, faite avec deux caisses d'emballage, dont l'une est placée horizontalement et l'autre verticalement. Les statues de Jésus et des principales figures évangéliques sont rangées au fond, contre le mur de la mairie.

Un silence absolu règne parmi l'auditoire. Du haut du clocher quadrillé d'azulejos, une cigogne se dresse dans son nid et penche curieusement la tête.

Le prêtre commence une éloquente improvisation, puis, avec son mouchoir, fait signe d'apporter le Christ.

Quatre hommes l'enlèvent, et le Rédempteur du monde arrive, vêtu d'une robe en velours violet galonnée d'or. Sa longue perruque est divisée au milieu de la tête ; une corde de chanvre s'enroule autour de sa taille ; ses bras, ses jambes et son cou sont articulés, comme ceux de tous les autres personnages allégoriques.

« Voyez ce noble martyr, s'écrie le prédicateur ; admirez l'expression douloureuse peinte sur ses traits ineffables... Peuple, ne sens-tu point tes entrailles s'émouvoir devant ce Dieu qui va mourir pour toi ?... Contemple-le d'un œil baigné de larmes, car bientôt, hélas ! tu ne le verras plus !... »

Le prêtre prononce alors une tirade pathétique sur la Passion.

Tout à coup, retentit un duo de tambour et de trompette ; une fenêtre s'ouvre brusquement, et le sacristain habillé d'un domino rose, le visage couvert d'un loup, chante en bouts-rimés sur un ton monotone : « Moi, Ponce Pilate, je condamne à la peine de mort Jésus de Nazareth, coureur de grands chemins, faux roi des Juifs. » Le Christ s'incline sous la sentence. Deux autres fenêtres s'ouvrent, et deux enfants costumés en anges crient d'une voix perçante : « Monde, son sang lavera tes souillures ! »

Des hommes travestis en bourreaux garrottent ensuite le mannequin, lui passent une petite échelle double au bras et le couronnent d'épines.

L'orateur agite de nouveau son mouchoir et fait signe à la Vierge d'approcher.

« Quelle est, dit-il, cette femme qui se promène tristement dans les rues de Jérusalem ?... Ne serait-ce point la Vierge ?... Mais oui, c'est elle-même qui vient voir son malheureux fils... »

La statue s'avance avec des mouvements cadencés. Un voile de religieuse flotte sur sa robe de velours noir garnie de lisérés d'argent.

« Quelle douleur indicible va torturer sa grande âme ! reprend le curé très-ému. Viens, pauvre mère, viens ; pleure sur ce fils chéri qui meurt pour la rémission de nos péchés ; donne-lui le baiser d'adieu... »

Les porteurs du Christ et ceux de la Vierge se

penchent les uns vers les autres, les deux statues s'embrassent, et les spectatrices éclatent en sanglots.

« Où est saint Jean ? continue le prêtre. Abandonnerait-il, à l'heure suprême, son Sauveur bienaimé ?... Non, non ! le voici ! »

Saint Jean accourt et fait une génuflexion. Sa perruque s'éparpille sur un froc de moine en drap roux.

Tous les saints rendent successivement hommage à leur maître.

L'orateur regarde alors droit devant lui.

« Encore une sainte femme, dit-il, qui se promène tristement dans les rues de Jérusalem... Il me semble la reconnaître... En effet, c'est sainte Véronique qui désire essuyer le visage de son Dieu... »

Une nouvelle figure se présente, les bras tendus et maintenus en avant par un linge roulé.

« Approche, sainte et digne femme, poursuit le prêtre ; viens éponger le visage de notre divin Rédempteur. »

Les porteurs rapprochent sainte Véronique du Christ, l'un d'eux tire une ficelle, et trois têtes apparaissent sur le linge déployé.

Sainte Madeleine et les autres défilent à tour de rôle.

Son discours fini, le pasteur invite ses ouailles à se rendre à l'ermitage du Calvaire, où doit avoir lieu le crucifiement. Tout le monde y va. On sort un nouveau Christ, celui-ci tout nu, complétement articulé, et le prêtre le cloue au gibet au milieu des cris et des gémissements de l'assistance.

Le surlendemain, dimanche de Pâques, Jésus ressuscite devant l'ayuntamiento. Les saints viennent le reconnaître et le saluer trois fois ; la Vierge l'embrasse, et le même prédicateur prononce une allocution qu'empêchent d'entendre les coups de fusil tirés de toutes parts en signe d'allégresse.

IV

UNE RÉUNION ÉLECTORALE

On est à la veille des élections générales. L'ami chez lequel je suis descendu, a organisé une réunion où se trouvent assemblés les principaux électeurs de la ville. Quelques ouvriers influents sont aussi venus. L'un d'eux a tiré de sa ceinture une large navaja, et de la pointe s'agace les gencives, en écoutant les discours.

Les orateurs commencent par parler d'eux et de leur famille, des services qu'ils ont rendus ou qu'ils sont à même de rendre ; puis, quand ils ont ainsi déclamé pendant une heure, abordent la question, qu'ils traitent en cinq minutes, boivent un verre

d'eau sucrée et se rassoient au milieu des applaudissements.

Le verre d'eau joue un grand rôle dans ces réu-
nions. Beaucoup de bavards ne prennent la parole
que parce qu'ils ont soif. On se fait passer le verre
de main en main, et souvent, lorsqu'il arrive à la
tribune, quelqu'un en a distraitement avalé le contenu.

Après quatre ou cinq discours qui n'ont rien élu-
cidé, l'alcade, fonctionnaire lettré qui a traduit un
volume de Camille Flammarion, me demande ma
pensée sur les hommes politiques de l'Espagne.

— Ma réponse serait un pamphlet, lui dis-je ;
mieux vaut que je me taise.

— Non ! non ! parlez, crie-t-on de toutes parts.

— Vous le souhaitez ?

— Nous vous en prions.

Voici les vérités que je leur décoche, sous forme
de boutade :

Le chat de Mahomet retombait toujours sur ses
pattes. Il est vrai que les chats les plus vulgaires
sont doués de la même adresse. On les jette en l'air,
très-haut, on les précipite d'un cinquième, n'importe : ils se contournent, cabriolent, s'arrangent
de manière à frapper le sol de leurs jarrets flexibles,
sans se faire aucun mal.

Presque tous les hommes politiques de l'Espagne
ont le même privilége. On les voit, ces acrobates

habiles, sauter sur le tremplin de l'actualité, bondir aux charges les plus élevées, s'élancer des Cortès au ministère, comme Léotard d'un trapèze à l'autre. On les suit, anxieux, à travers l'espace. Tout à coup, la corde se rompt, les spectateurs poussent un cri... Rassurez-vous, bonnes gens, les gymnasiarques qui font leurs exercices à vingt mètres au-dessus du sol ont la précaution de tendre un filet sous eux pour amortir les chutes. Les sauteurs politiques ont une égale prudence pour parer aux secousses terribles des fureurs révolutionnaires. Lorsque vous les croyez à terre, broyés, sanglants, ils volent encore, ils volent toujours, celui-ci semblable à l'oiseau, celui-là pareil au pick-pocket.

Il n'est pas un tour qui ne leur soit familier, pas une ruse qu'ils n'aient profondément étudiée. Ils connaissent toutes les ficelles et tous les trucs. Ils seraient capables, si on leur tranchait la tête, de la ramasser et de la mettre dans un panier, à l'exemple de sainte Quiterie, puis de continuer tranquillement leur genre de « travail ».

Ils servent, en apparence, tous les gouvernements, tous les partis, toutes les causes; mais ne sont, en réalité, que les serviteurs d'eux-mêmes. Aussi les voit-on se transformer d'isabellistes en progressistes, de progressistes en unionistes, d'unionistes en n'importe quoi. Ils ne sont rien, à la condition d'être tout. Ils veulent le pouvoir, s'inquiétant peu du reste.

Qu'est l'honnêteté? se disent-ils. La vertu des imbéciles, une pierre d'achoppement.

Qu'est le savoir-faire? Le talent des hommes d'esprit, la pierre philosophale des tartuffes.

Foin de l'honnêteté! Vive le savoir-faire! Soyons banquistes. Les charlatans amassent de grosses fortunes. Montons sur une voiture attelée de six chevaux enrubanés, battons la caisse, jouons de la clarinette et du cor, parlons en augures, à double sens, ce qui ne peut compromettre, exploitons l'idiotisme, sautons, et après nous, sauteront les moutons de Panurge.

Et ils sautent sans cesse, et la bêtise humaine saute toujours après eux.

Il y a des gens qui n'ont pas de chance et se noieraient dans le Manzanarès, quoiqu'il n'y ait pas d'eau. Les sauteurs politiques, hommes doublés d'Escobar, ont toutes les chances et se tirent des plus mauvais pas.

Ces faits seraient très-plaisants s'ils ne se produisaient qu'en un pays; mais ils s'étendent à presque toute l'Europe. Quand la bouffonnerie se généralise, elle devient lugubre; quand elle persiste, elle tue la raison des individus et des peuples.

Les sauteurs politiques, c'est triste à dire, sont, de tous les hommes publics d'Espagne, ceux qui jouissent du plus grand crédit, parce qu'ils se maintiennent le plus longtemps au pouvoir. Sans foi,

sans conscience, que leur importe la forme gouver-
nementale qui régit les institutions ? Ils prêtent
serment à la royauté : la royauté tombe, ils tombent avec elle ; mais, pareils à ces jouets en caout-
chouc que leur centre de gravité remet toujours
dans leur assiette, ils se retrouvent aussitôt sur leurs
jambes et, sans hésiter, prêtent serment à la répu-
blique. Ils en imposent et s'imposent, comme si,
tout à coup, le bon sens national s'en allait par télégraphe aux Petites-Maisons.

Ah ! saisissez d'une main virile le fouet de Ju-
vénal et frappez sans pitié, chassez ces saltimban-
ques qui vous déshonorent. Les seules charges dont
ils soient dignes, leur seront décernées à la cour de
Mabel Gray, reine de tous les bohémiens de la
Grande-Bretagne !

V

ÉLECTIONS MODÈLES

Les habitants d'un village estremeño étaient hos-
tiles au ministère et capables de tenir en échec toutes
les forces de la *porra*. Leurs votes étaient indispen-
sables ; il fallait les obtenir, n'importe comment.

L'alcade reçut ce télégramme :

« Nous comptons sur vous ; faites triompher notre
candidat à tout prix.

» *Le président du conseil des ministres, X.* »

— Ah! s'écria le bonhomme en tirant le col de sa chemise, le premier fonctionnaire de l'Espagne daigne m'honorer d'une dépêche signée de son illustre nom !... Il compte sur moi... oui, la dépêche le dit : « Nous comptons sur vous. » Il me traite en personnage important, et je ne me suis pas rasé depuis huit jours !... Scélérat, je me souffletterais !... N'importe, je ferai mon devoir. Le candidat officiel triomphera. A tout prix il triomphera, tonnerre de sacrebleu ! Nous verrons si mes coquins d'adminis- trés résisteront aux arguments de ma trique !... Femme, apporte mon plat à barbe et va chez le *car- pintero* du coin commander un cadre pour ce chiffon de papier, qui sera l'éternel orgueil de notre famille !

Le matin des élections, il se rend à la mairie, accompagné de son secrétaire. La foule est nom- breuse.

L'alcade monte sur une chaise et prononce ce dis- cours composé par M. le curé :

« Électeurs, votre présence me comble de joie. Vous êtes de bons et braves citoyens, dignes de la confiance publique. Vous êtes à la hauteur de nos grandes institutions et des peuples libres. Le gou- vernement ne veut exercer aucune pression sur vous. Il m'a prié de vous réunir pour vous demander ce que vous pensez de ses actes. Votez selon votre conscience, sans prendre conseil de ceux qui vous payent un verre de vin. »

Les électeurs applaudissent ; l'alcade ajoute :

« Gardes, mettez tout le monde dehors. Si quelqu'un tente de forcer la porte, croisez la baïonnette ! »

La foule repoussée et la porte fermée à double tour, l'alcade dit à son secrétaire :

— Tous les électeurs sont présents ; combien y en a-t-il d'inscrits sur notre liste ?

— Cent cinquante.

L'alcade sort de sa poche cent cinquante bulletins ministériels, et comme la foule s'impatiente et vocifère, il s'écrie, frappant la table de son énorme bâton :

— Si l'on continue à hurler, je ferai fermer les fenêtres.

Puis, s'adressant à son secrétaire :

— Le scrutin est ouvert ; appelle mes administrés.

A chaque nom, l'alcade glisse un bulletin dans l'urne.

Les noms et les bulletins épuisés, il dit d'une voix solennelle :

— Procédons au dépouillement.

Cinq minutes plus tard, il lance ce télégramme :

« Monsieur le ministre,

» Je suis heureux de vous annoncer que le candidat officiel a obtenu l'unanimité des suffrages. »

Après une telle scène, il faut tirer l'échelle ; il n'y a rien de plus fort à dire sur l'Estrémadure.

EN ARAGON

EN ARAGON

I

SARAGOSSE

De Madrid à Saragosse, nous traversons des montagnes dont la sauvagerie rappelle les Abruzzes. De distance en distance, nous voyons des villages perchés sur des crêtes. Le premier qu'on trouve en quittant la Castille, est Medinaceli. Nous ne rencontrons que des gens de mauvaise mine, presque toujours couverts de loques. Souvent la nature a les aspects terribles des paysages de Salvator Rosa.

Nous entrons à Saragosse par une porte qui nous conduit à l'une des rues principales. A notre droite est une église en ruine, au fond d'un patio bordé de murs où l'on remarque encore des trous de boulets. C'est là qu'après un combat à outrance s'était réfugiée une partie de l'armée française. On y a construit une petite chapelle. Toutes les habitations qui l'entourent conservent des traces de projectiles.

La Tour penchée, édifiée par les jurats au

commencement du seizième siècle, est octogone, haute de quatre-vingt-quatre mètres, de style à la fois arabe et gothique. Chaque étage présente des formes variées. L'horloge surplombe la base de plus de deux mètres.

Nuestra Señora del Pilar est, à l'extérieur, d'une architecture très-espagnole ; les nefs sont du style composite. Nous y remarquons une fresque de Goya, très-éclatante de couleur. Le sanctuaire forme un petit temple obscur dont la voûte sculptée en écailles est soutenue par des colonnes de marbre. Sur un fond de velours semé d'étoiles, au sommet d'un pilier de métal précieux, est la Vierge del Pilar, le front ceint d'une couronne ouvragée et criblée de pierreries, vêtue d'une riche dalmatique beaucoup plus grande qu'elle. On ne distingue ni sa tête ni celle de l'Enfant-Dieu, qui sont microscopiques. Sur les marches, quantité d'ochavos et de cuartos ont été jetés par les fidèles à travers la balustrade d'argent qui protége le tabernacle. On voit constamment autour de l'autel de larges semelles d'alpargatas appliquées sur des dos de velours, curieux raccourcis des Aragonais en adoration. Une colonne de pierre est littéralement usée par les baisers des lèvres pieuses. Selon les jours de fête, on change le costume de la Vierge. Ses colliers et ses chapes, d'une richesse inouïe et d'un travail merveilleux, sont contenus dans le trésor. La visite en est défendue depuis la soustraction d'une admirable parure d'émeraudes.

La *Seo*, église gothique de différentes époques, est d'une architecture beaucoup plus intéressante que Notre-Dame del Pilar. L'ornementation en est sobre. Les brillants vitraux des fenêtres ogivales répandent leurs mille reflets sur les dalles de marbre blanc, les pilastres et les tailloirs dentelés que supportent les chapiteaux en feuillages. Des peintures anciennes, passées de couleur, décorent la muraille au-dessus du maître-autel. Quelques portes paraissent s'ouvrir sur des souterrains. L'ensemble est imposant, mais d'un ton gris obscur qui lui donne un aspect inquisitorial.

Nous sortons de la ville par la *puerta del Angel;* nous traversons une promenade ornée d'une fontaine churrigueresque et plantée d'arbustes, puis, franchissant *el puente de piedra,* nous apercevons au loin des montagnes bleues où se perd l'Èbre après maints circuits dans la plaine. La ville déploie ses nombreux clochetons; ses dômes, ses coupoles, ses tourelles bizarres en forme de poivrières, ses toits de briques jaunes et vertes, ouvragées et vernies, que dominent l'élégant campanile de la *Torre inclinada* et la flèche hérissée de pointes gothiques de la Seo. Le fleuve est profond; quelques bateaux couverts d'une tente de toile blanche sont amarrés au rivage. Deux ou trois maisons pittoresques sont bâties contre les assises du pont. Des monuments en ruine, construits sur des accidents de terrain, se dressent çà et là. De grosses pierres arrondies semblent avoir été déplacées par les débordements de l'Èbre.

Du point où nous sommes, Mazo fit sa superbe *Vue de Saragosse*. Les merveilleuses petites figures du premier plan : prêtres, gens de cape et d'épée, grands seigneurs coiffés de chapeaux à plumes, marchands, mendiants, personnages en habit de cour montés sur des barques, sont de la main de son beau-père, le grand artiste Velazquez. Il est dans ce tableau un pont de bois qui n'existe plus ; *el puente de piedra,* que nous venons de franchir, était alors brisé par le milieu.

II

UNE FÊTE DE VILLAGE

Nous assistons à une fête de village.

A l'extrémité d'une rue se dresse, mal assujetti dans la terre, un majestueux mât de cocagne, bien graissé, qu'entoure une foule compacte. Tout en haut se balance une large couronne où pendent des foulards de diverses nuances, un coq vivant, un lièvre mort, une Vierge del Pilar aux vives couleurs

Fête de village en Aragon.

et une navaja. Des bottes de paille sont disposées pour amortir les chutes.

Trois forts gaillards, se faisant la courte échelle, hissent une grosse femme. Lorsqu'elle est parvenue à une hauteur de quinze pieds, les hommes se retirent et laissent la malheureuse les jambes croisées sur le mât, n'osant plus ni monter ni descendre.

Un vaste cercle la regarde d'un air béat. Tous les échantillons des types aragonais s'y trouvent réunis. De grands rires coupent les faces brûlées par le soleil ; les yeux sont généralement petits ; les oreilles, larges, ressortent sur le côté ; un mouchoir roulé en cravate contient les cheveux coupés à la Titus derrière la tête, mal peignés sur le front, collés sur les tempes en oreilles de chien ; la ceinture, mise à plat, couvre le ventre, la moitié des cuisses et de la poitrine ; le mollet, chaussé de bas bleus souvent sans pied, se dégage de la culotte étroite ; une manta grise rayée de noir est posée sur l'épaule ; presque tous les estomacs sont nus : pour respirer plus librement, les Aragonais ne boutonnent point leur col de chemise. Les femmes ont une jupe noire brodée de fleurs claires, ample et courte, plissée sur les reins ; un corsage à manches plates serre la taille ; deux ou trois mouchoirs de coton bleu sombre, à grandes fleurs rouges ou jaunes, sont attachés l'un sur l'autre.

C'est justement pour décrocher un de ces foulards

qu'adorent les Aragonaises, que la grosse femme grimpe à la *cucaña*. Des huées, des sifflets, des exclamations qu'on ne peut décemment écrire, partent de tous côtés, de temps en temps couverts par une *murga*, orchestre ambulant composé d'un ophicléide, d'une clarinette, d'un cornet à pistons et d'un tambour de basque. En vain la pauvresse essaye-t-elle de monter ; sa robe se colle au suif. Affolée par les cris des spectateurs, elle se décide à descendre ; mais, tout à coup, elle lâche le mât et tombe sur les bottes de paille, les deux jambes en l'air. Aussitôt un galant homme déploie sa mante devant elle pour dissimuler ce que la foule ne doit pas voir. Les uns crient : « *Fuera ! fuera !* » tandis que les autres applaudissent à outrance.

Un Aragonais de taille colossale s'approche et console la malheureuse. « Attends, Amparo, lui dit-il, je vais te chercher le foulard. » Comme il a une belle chemise blanche qu'il ne veut pas salir, il la retire, défait ses sandales, embrasse le mât et grimpe. Sur son torse, beaucoup plus blanc que la tête et les mains qui semblent trempées dans de la teinture brune, se développent des muscles qu'eût enviés Michel-Ange. Parvenu au sommet, il retourne la couronne : « Lequel veux-tu ? demande-t-il ; le bleu, le rouge ou le jaune ? » Amparo choisit le jaune. Le bonhomme redescend, tout fier de son succès. Soudain, un craquement retentit : sa culotte s'est déchirée par le milieu. Des éclats de rire formidables, des apostrophes insensées, des hurlements de joie, des bravos frénétiques s'élèvent alors de toutes parts; mais la grosse femme sort de sa poche une aiguille et du fil, et répare en quelques secondes le malencontreux accident. « Je suis monté pour Amparo, dit l'hercule; maintenant, je remonte pour moi. » Et, sans tenir compte des protestations, il va décrocher le coq.

Il ne reste bientôt plus que la navaja. Un grand jeune homme pâle fend la foule et fait claquer la paume de sa main sur la cucaña. « A mon tour ! » s'écrie-t-il. Son visage a le caractère de la férocité. Son front est bas et déprimé, son nez court et retroussé, son œil rond, gris vitreux, bordé de rouge; ses sourcils se rapprochent; ses dents sont jaunes, ses lèvres minces et décolorées. Un sentiment de crainte s'empare des spectateurs. « C'est le *maton* », murmurent quelques-uns. Le silence succède au joyeux vacarme. Après un regard de défi, l'homme pâle s'élance et grimpe comme un singe. Il contemple avec un hideux sourire la navaja qui, tournant sur elle-même, étincelle au soleil. D'une saccade nerveuse il l'arrache, se laisse glisser d'un trait jusqu'en bas et s'éloigne sans prononcer un mot.

Dans un angle de la place, des hommes jouent à qui lancera le plus loin une barre de fer. Un individu d'une force exceptionnelle, bâti comme un Titan, se moque de leur faiblesse et les provoque tous. Il prend la barre et, presque sans effort, l'envoie à une distance considérable, sur des groupes qui causent. Alors, les navajas se tirent ; mais le géant leur échappe d'un bond, saisit la barre, qu'il agite au-dessus de sa tête, et distribue des coups épouvantables à tous ceux qui l'approchent.

Nous entrons dans une tienda de vinos. Une famille de six membres est assise autour d'une table qui n'a pas plus de quatre-vingts centimètres carrés. Le grand-père, très-serré dans sa culotte, occupe la place d'honneur ; près de lui, sa fille a sur les genoux un bébé rouge comme une écrevisse, simplement vêtu d'une brassière jaune ; plus loin est le mari, tout habillé de velours bleu ciel ; puis deux frères ou cousins, l'un gras, l'autre maigre. Tous sont assis à cinquante centimètres de la table, sur laquelle fume une soupe composée d'huile, d'ail et d'œufs. Ils tiennent un morceau de pain dans la main gauche, dans la main droite une cuiller de buis à manche court. Alternativement ils plongent dans l'écuelle commune leur cuiller qu'ils ramènent à angle droit, puis, mettant leur morceau de pain en dessous, — les jambes écartées pour ne point tacher leur culotte, — ils dirigent le tout vers leur bouche grande ouverte, à la manière d'un convoi de chemin de fer qui s'engage dans un tunnel. Voici comment l'*abuelo* verse à boire : il prend un verre, le tient tout entier dans ses doigts noueux, pressé contre son corps, et verse le vin lentement, lentement, comme une drogue dont il compterait les gouttes. Durant tout le repas, personne ne dit mot. A la fin, l'abuelo s'essuie les lèvres, pousse un rot terrible, et tous à la ronde en font autant. Chez nous, si quelqu'un se permettait une telle inconvenance, on le jetterait brutalement à la porte. En Espagne, le rot est un compliment des plus flatteurs : il signifie qu'on a bien mangé ; « qu'on en a jusque-là », comme disent les enfants.

En sortant de la taverne, nous assistons à un combat de coqs en pleine rue. Le cabaretier en présente un qui n'a guère de plumes qu'à la tête et à la queue. Les ailes, coupées ras, se détachent sur le corps nu ; les éperons sont taillés au canif. L'homme qui a décroché le coq du mât de cocagne veut faire battre son « lot ». La foule accourt en masse ; les paris s'engagent, les têtes s'échauffent, des rixes s'ensuivent. Tout à coup, des cris de femmes retentissent : on vient d'assassiner quelqu'un. Nous suivons les autorités sur le lieu du crime. Au bout d'un chemin pierreux, gît, éclairé par la lune, un cadavre baigné dans une mare de sang qui paraît noire comme de l'encre. L'alcade prend délicatement entre le pouce et l'index la navaja plantée dans la poitrine et reconnaît celle qui était pendue à la cucaña.

La fête, un moment troublée, reprend sa joyeuse physionomie. On danse l'aragonaise. Des lanternes accrochées aux fenêtres illuminent la place du village. Une femme chante une série de couplets dont voici le commencement :

> *La Virgen del Pilar dice*
> *Que no quiere ser Francesa,*
> *Que quiere ser capitana*
> *De la tropa aragonesa.*

« La Vierge del Pilar dit — qu'elle ne veut pas être Française, — qu'elle veut être capitaine — de l'armée aragonaise. »

Plus de cinquante guitares accompagnent le refrain, que rhythment les pieds d'un immense groupe de danseurs.

Après une soirée vertigineuse, peu à peu les gens se retirent, la place se vide et la fête finit.

III

LE CARACTÈRE ARAGONAIS

L'Aragonais est d'un entêtement proverbial. On dit en Espagne que s'il lui prend fantaisie de démolir un mur avec son front, il frappe jusqu'à ce qu'il ait ouvert une brèche ou se soit fendu le crâne.

Un jour du mois de février 1808, une vingtaine de soldats français entrent dans une ferme et demandent à manger.

— Vous voulez qu'on vous serve abondamment ? dit le maître ; c'est bien, on va vous satisfaire.

Il donne de la volaille, des légumes, des pêches, qui sont les meilleures de la Péninsule, et beaucoup de ce vin aragonais qui monte à la tête et grise les plus forts.

— Cours au village, dit-il ensuite à son domestique ; annonce qu'il y a des têtes de Français à couper et ramène des hommes armés de faux.

Tandis que les soldats boivent et se réjouissent, les féroces paysans arrivent, se placent derrière les portes, puis, tout à coup, à un signal convenu, se précipitent dans la salle et fauchent les têtes comme des épis.

IV

L'ACCAPAREUR

L'Égypte ne compta pas l'usure au nombre de ses sept plaies. Elle eut de la chance. Cela prouve peut-être que le bon Dieu garde quelques ménagements jusque dans ses punitions les plus sévères.

Que de larmes et que de sang a fait verser la diablesse aux doigts crochus ! Dès qu'elle saisit, sa griffe s'enfonce et tient. Elle a des ardillons. Elle ne lâche plus.

Seulement, comme vous êtes assez sots ou assez malheureux pour vous offrir en victimes, le gouvernement espagnol ferme les yeux et dit : « Cela ne me regarde pas ; tant pis pour vous ! »

Le gouvernement espagnol a tort. Il doit placer des gardes-fous autour de l'usure, comme autour d'une fondrière. Il doit s'opposer au vol, sous quelque forme qu'il se produise. Il doit réparer les erreurs et les oublis de la législation.

Ils sont nombreux les misérables qui sucent les fortunes, vampires de la rapacité.

Parmi tous les types d'usuriers connus en Europe, il en est un particulier à l'Espagne, et surtout à l'Aragon.

C'est l'accapareur.

Il vit à la campagne. Sa maison est une forteresse. Vous frappez à la porte, personne ne répond. Vous frappez encore, un guichet s'ouvre, vous déclinez vos nom et prénoms, vous expliquez le but de votre visite, et, si vous êtes admis, la porte roule lentement sur ses gonds. Vous vous trouvez en présence d'une sentinelle armée jusqu'aux dents. Vous en rencontrez dix avant d'arriver au maître du logis.

Enveloppé dans une vieille robe de chambre, il est assis devant un bureau chargé d'énormes registres. Aux fenêtres, du papier huilé remplace les vitres. La poussière souille le plancher et les meubles. La richesse se cache sous les dehors de la pauvreté.

Voilà Shylock dans son taudis, comme une araignée dans sa toile.

Cet homme achète à un prix modique leurs récoltes aux paysans et les leur fait payer ensuite, sous une autre forme, des sommes exorbitantes. Il n'est pas aimé, cela se conçoit. Je dirai même qu'il a peur. On ne sait ni quand il sort ni quand il rentre. Cet homme, qui pourrait jouir ailleurs des millions qu'il a… gagnés, toujours retenu par l'appât du gain, se fait une prison et vit en forçat : il se rend justice.

V

LÉGENDE DES AMANTS DE TERUEL

On ne peut quitter l'Aragon sans visiter Teruel, petite ville très-insignifiante par elle-même, située sur une colline que baigne le Guadalaviar. La tour arabe de l'église San Martin et l'aqueduc construit par l'architecte français Pierre Bedel, ne sont pas des curiosités assez remarquables pour motiver le voyage ; mais il n'est pas un poëte, pas un artiste qui ne se sente le désir de voir le tombeau des deux amants les plus fidèles et les plus célèbres de l'Espagne.

On a souvent raconté leur histoire, mais presque toujours d'après les auteurs dramatiques, qui l'ont conformée aux exigences de la scène. La voici dans sa naïve simplicité :

Au commencement du treizième siècle, vivaient

Diego de Marcilla et Isabel de Segura, tendrement épris l'un de l'autre. Le jeune homme était pauvre, la jeune fille riche. Comme on a toujours, à toutes les époques, sacrifié les plus nobles sentiments, les plus saintes affections à ce monstre éternellement adoré qu'on nomme le « veau d'or », le père d'Isabelle, sourd à la voix du cœur, repoussait obstinément Diego.

Le courageux jeune homme se décide à tenter la fortune. Après une dernière et longue entrevue avec son amante, qui lui promet fidélité jusqu'à son retour, il s'en va combattre les Maures.

Quelques années plus tard, arrive un certain Azagra, auquel un de ses amis, mortellement blessé sur le champ de bataille, a confié des lettres qui compromettent la mère d'Isabelle. Ce méchant homme menace la pauvre femme de divulguer ses relations coupables si elle né lui accorde la main de sa fille. La malheureuse expose l'ardent amour d'Isabelle pour Diego, le désespoir auquel la réduirait une liaison forcée ; elle se traîne à genoux, supplie, implore, sanglote : Azagra reste inflexible ; il lui faut Isabelle ; son silence est à ce prix.

D'une chambre contiguë, la jeune fille entend tout. Entre son amour et l'honneur de sa mère, elle n'hésite pas. Elle ouvre la porte et, toute pâle, les deux mains pressées sur son cœur, elle s'avance vers Azagra.

— C'est bien, dit-elle d'une voix tremblante, je serai votre femme.

Puis, à bout de forces, elle tombe dans les bras de sa mère, qui la couvre de baisers et de larmes.

— Ma fille !... ma chère fille !... s'écrie la coupable repentante, je ne veux pas que tu te sacrifies, je ne veux pas que ma faute soit la cause de ton malheur... Que cet homme me déshonore, puisqu'il en a le pouvoir et la volonté : je lui refuse ta main !...

— Mère, tu dois rester pure aux yeux de tous.

Isabelle se relève et, mettant sa main dans celle d'Azagra :

— Je suis votre fiancée, dit-elle avec noblesse.

Le jour des noces, les cloches carillonnent gaîment, à toute volée. La population de Teruel se presse dans les rues.

— Qu'annoncent ces préparatifs de fête? demande un jeune officier qui arrive sur un cheval souillé d'écume et de poussière.

— Vous ne savez donc pas?... Vous venez de loin?...

— De très-loin, en effet.

— Eh bien, c'est aujourd'hui qu'a lieu le mariage d'Isabel de Segura et du généreux Azagra.

— Isabel !... Isabel de Segura se marie?... Ah !... cruelle destinée !...

Pauvre Diego ! il s'est battu vaillamment, il est

riche, et quand il rentre, heureux, dans sa ville natale, les cloches sonnent le glas de son amour!...

Le soir, il rôde autour du palais des jeunes époux. Azagra sort, il le poignarde, s'empare de ses papiers, y trouve l'explication de la conduite d'Isabelle et, fou de joie, monte à la chambre de la jeune femme.

— Je sais tout, s'écrie-t-il en entrant; voici les lettres qui justifient ton infidélité.

— Diego!...

— Oui, moi-même, ma bien-aimée... moi, qui reviens, l'âme pleine d'adorations comprimées depuis cinq ans...

— Hélas! je ne peux plus t'appartenir!

— Nous sommes libres!

— Libres!... que veux-tu dire?

— Je l'ai tué!

— Tu l'as tué?... Tu as tué mon mari, Diego?... Tes mains sont trempées de son sang?... Oh!... je te hais!...

Le jeune homme la regarde avec une expression de tristesse infinie.

— Je te hais! répète-t-elle avec force.

Foudroyé par cette parole, Diego tombe roide mort.

Bientôt après, Isabelle expire de douleur.

On enterra les deux amants à côté l'un de l'autre, dans l'église San Pedro. Lorsque, cinq siècles plus tard, on les exhuma pour transporter leurs dépouilles dans le cloître, on vit avec stupeur leurs squelettes enlacés.

Sur la pierre qui ferme leur niche est gravée cette inscription :

Ici sont déposés les corps des célèbres amants de Teruel : Don Juan Diego Martinez de Marcilla et Doña Isabel de Segura, morts en 1217. Ils ont été placés en ce lieu en 1708.

Telle est la dernière légende que nous recueillons avant de rentrer à Paris, la ville frondeuse et sceptique, qui rirait peut-être de ce naïf et profond amour, si elle n'avait dans l'un de ses cimetières le tombeau d'Héloïse et d'Abélard.

FIN

TABLE DES MATIÈRES

DE L'OCÉAN A TOLÈDE.

TOLÈDE.

DE TOLÈDE A MALAGA.

TABLE DES GRAVURES

FIN DE LA TABLE.

PARIS. TYPOGRAPHIE DE E. PLON ET Cie, RUE GARANCIÈRE, 8.